U0392798

煤电碳捕集技术经济评估
与政策机制设计

TECHNO-ECONOMIC EVALUATION OF CARBON CAPTURE
IN COAL-FIRED POWER PLANTS AND DESIGN OF POLICY MECHANISMS

姜大霖　姚　星　黄　艳　著

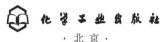
化学工业出版社
·北京·

内容简介

本书围绕国内外 CCUS 技术的最新进展、规模化示范项目案例、技术经济评估、政策支持体系演进及产业化模式设计等核心议题，全面剖析了碳捕集、利用与封存（CCUS）技术在煤电行业中的应用潜力、技术经济性及产业化路径。通过深入的煤电 CCUS 全流程技术经济评估及基于典型示范项目的分析，不仅揭示了煤电 CCUS 产业化的发展方向，还构建了一套综合性的政策框架体系，旨在为决策者提供科学依据。

本书面向广泛的读者群体，包括但不限于能源行业政策制定者和管理者、环境科学家、工程技术专家、经济学家以及对碳中和与清洁能源技术感兴趣的广大读者。

图书在版编目（CIP）数据

煤电碳捕集技术经济评估与政策机制设计 / 姜大霖，姚星，黄艳著. -- 北京：化学工业出版社，2025. 4.
ISBN 978-7-122-47360-8

Ⅰ. X701.7

中国国家版本馆 CIP 数据核字第 2025F24K43 号

责任编辑：孙高洁　冉海滢　刘　军　　装帧设计：王晓宇
责任校对：宋　玮

出版发行：化学工业出版社
　　　　　（北京市东城区青年湖南街 13 号　邮政编码 100011）
印　　装：涿州市般润文化传播有限公司
710mm×1000mm　1/16　印张 9¾　字数 169 千字
2025 年 5 月北京第 1 版第 1 次印刷

购书咨询：010-64518888　　　　　售后服务：010-64518899
网　　址：http://www.cip.com.cn
凡购买本书，如有缺损质量问题，本社销售中心负责调换。

定　　价：128.00 元　　　　　　　　版权所有　违者必究

　　中国作为全球最大的发展中国家及负责任大国，面对气候变化挑战，已经提出了"碳达峰、碳中和"目标。长期来看，"碳中和"要求中国能源体系实现系统化转型，逐步以风、光等可再生能源替代传统化石能源。但是，相比发达国家，煤炭在中国能源结构中占据的规模较大，煤电在电力结构中的占比较高，如何平衡能源稳定供应与实现低碳转型成为中国新型能源体系建设过程中必须考虑的关键问题。随着煤炭作为国家能源安全"压舱石"的定位被不断明确，碳捕集、利用与封存（CCUS）技术的关键意义得到广泛关注。CCUS技术通过捕捉燃煤发电过程中产生的二氧化碳，进而实现碳利用或永久性封存，能够降低煤电的碳排放强度。通过对煤电加装CCUS，不仅能够确保煤电在特殊时期或能源结构调整过渡阶段扮演"兜底"角色，保障国家能源安全，还为煤电行业从"高碳主体"向"低碳支撑"功能转变提供了可能。并且，煤电CCUS能够在减少温室气体排放的同时，充分利用现有煤电基础设施，避免资源浪费，确保电力供应的稳定性和经济性。以CCUS技术应用为核心手段之一，推动煤电产业的深度变革，既体现了中国在应对全球气候变化挑战中的责任与担当，也为其他依赖煤炭的发展中国家提供了可借鉴的转型范例。

　　2022年4月，国能锦界能源有限责任公司委托国能技术经济研究院承担"能源金三角地区煤电CCUS产业化发展的市场机制研究"课题，该课题是公司 2021 年度十大重点科技攻关项目"二氧化碳捕集与资源化能源化利用技术研究及示范"子课题研究内容。课题旨在对中国煤电 CCUS 进行详细的技术经济分析、产业分析以及政策研究，全面理解煤电 CCUS 产业发展的现状、前景、成长路径、政策需求等，进而总结产业发展的侧重点、政策支持的关键领域和激励机制等。经过一年多的深入研究，项目组基于实地调研、数据论证、模型构建、技术经济评估等方式，对中国煤电 CCUS 的产业化问题进行了深入研究，构建了包含宏观支持、财税金融、市场机制、技术研发示范、管理体系等在内的综合性煤电 CCUS 政策支撑体系框架。在项目研究成果的基础上，融合国际先进经验和国内煤电 CCUS 示范项目的具体实践，充分把握行业发展趋势与技术突破展望，总结煤电 CCUS 的技术经济情况及产业化情况，最终形成本书。

　　本书以"煤电 CCUS 产业技术经济特征""推动煤电 CCUS 产业持续发展"为主线，首先，在明确了 CCUS 技术及产业发展背景、CCUS 规模化示范项目进展的基础上，从现实实践的角度出发，分析了煤电 CCUS 技术类别与技术特性，从技术层面明确了推动煤电 CCUS 产业发展的现实要求与区域适应条件，此部分对应本书的第 1 章和第 2 章内容。随后，构建了煤电 CCUS 技术经济性核算模型，面向煤电 CCUS 产业的全流程特征，识别制约产业发展的关键流程环节。经过分析，煤电 CCUS 产业发展既需要强调典型区域优先发展，又需要重点关注 CCUS 流程中的捕集环节，协同处理好这两个方面的问题是推动产业健康持续发展的前提，此部分对应本书的第 3 章和第 4 章内容。考虑到典型区域的关键以及捕集环节的重要性，本书进行了关于典型区域煤电 CCUS 捕集示范项目的案例分析，理解捕集环节的成本特征并分析优化潜力，调查了不同激励政策及政策组合机制在捕集示范项目发展过程中的预期作用，此部分对应本书的第 5 章和第 6 章内容。基于技术经济性评估结果，本书构建了包含宏观支持、财税金融、市场机制、技术研发示范、管理体系等在内的综合性煤电 CCUS 政策支撑体系框架，并探讨了不同政策在煤电 CCUS 产业发展不同阶段的适应性特征，此部分内容对应本书的第 7 章。最后在第 8 章，本书以煤电 CCUS 产业化路径为落脚点，分析了煤电 CCUS 产业化运营的不同模式及其特征，结合技术经济评估结果，探讨了煤电 CCUS 产业发展的战略布局以及近中期重点方向。

　　本书相关研究及编写离不开众多机构与个人的无私奉献与鼎力支持。首先，国家能源集团技术经济研究院为本书的创作过程提供了坚实的后盾与广阔的平台，不仅慷慨地提供了众多资源，更持续鼓励本书作者进行学术探索，为研究工作的顺利进行铺设了稳固基石。同时，中国科学院武汉岩土力学研究所、北京航空航天大学等单位在本书创作的各个阶段均提供了重要帮助。其次，中南财经政法大学的陈语副教授、山东大学的朱朋虎老师以及南京大学的苏彤副教授为本书的研究过程、创作过程提供了重要的支持与帮助，他们专业的见解与独到的分析极大地丰富了本书的内容。此外，杨杰、徐国新协助整理并补充了前三章的内容，张祖航协助整理了第 6 章和第 8 章的文字内容，汤可芊协助撰写了每章的引文段落并参与了全书的初步校对工作。

本书系统总结了当前煤电 CCUS 产业领域的学术研究成果，不仅是对已有探索与发现的记录，更为广大学者、行业专家及未来的研究者们提供了一个深入研究的窗口，希望本书的出版能够启发创新思维、激励更多专业人士投身于煤电 CCUS 产业的具体研究工作中。

尽管著者基于广泛的研究和实践经验，力求提供准确、全面的信息，但鉴于科学技术的快速发展及煤电 CCUS 领域本身的复杂多变性，书中可能存在尚未完善之处或认知局限，这是任何学术探索过程中难以避免的。因此，希望每一位读者都能以批判性的眼光阅读本书，并不吝赐教，通过不断的知识交流与智慧碰撞，促进煤电 CCUS 产业更快成熟，为全球能源转型和实现碳中和目标贡献力量。

著者
2024 年 8 月

目录

第 **1** 章

CCUS与中国
碳中和目标

碳捕集、利用与封存（carbon capture, utilization and storage, CCUS）是指将二氧化碳从工业、能源生产等排放源或空气中捕集分离，并输送到适宜的场地加以利用或封存，最终实现 CO_2 减排的过程[1]，包括捕集、运输、利用及封存多个环节，可广泛应用于煤电、石油化工、钢铁、水泥等行业的脱碳。国际能源署（IEA）预计到 2060 年，CCUS 将总计贡献中国二氧化碳累计减排量的 8%[2]；《中华人民共和国国民经济和社会发展第十四个五年规划和 2035 年远景目标纲要》首次提及了大规模 CCUS 示范项目的发展[3]，国家发改委、科学技术部已发布指导文件，支持通过研发和示范来开发 CCUS 技术，并将其列入中国实现碳中和路径的重要技术。

1.1 碳中和目标、国情能情与 CCUS 技术需求

党的二十大报告提出了全面推进高质量发展新的战略部署，指出"我们要坚持以推动高质量发展为主题，把实施扩大内需战略同深化供给侧结构性改革有机结合起来，增强国内大循环内生动力和可靠性，提升国际循环质量和水平，加快建设现代化经济体系，着力提高全要素生产率，着力提升产业链供应链韧性和安全水平，着力推进城乡融合和区域协调发展，推动经济实现质的有效提升和量的合理增长"。能源作为国民经济发展的先导产业和基础行业，是推动和实现中国式现代化的动力之源，全面建设社会主义现代化国家新征程也对能源体系建设提出新要求。要加快发展方式绿色转型，加快推动产业结构、能源结构、交通运输结构等调整优化，要求必须尊重我国基本国情，把握能源行业发展的客观规律，全面系统推进产业结构、生产方式、消费模式等方面变革，努力探索出一套既能推动经济社会高质量发展，又能稳中求进实现碳中和、保障能源安全的新型能源体系。

中国在"降碳减排"方面已设置明确的目标。2020 年 9 月 22 日，习近平总书记在第七十五届联合国大会一般性辩论上宣布我国"二氧化碳排放力争于2030 年前达到峰值，努力争取 2060 年前实现碳中和"[4]。在 2022 年 10 月 16日，习近平总书记在二十大提出"积极稳妥推进碳达峰碳中和"的指示并做出部署，昭示"双碳"目标向新阶段迈进[5]。

当今中国实现"双碳"目标的路上仍面临诸多挑战，体现在实现目标的时间紧迫和碳减排总量大两个方面。如图 1-1 所示，中国目前仍未实现碳达峰，并且从碳达峰到碳中和的规划实现时间较短，只有 30 年左右。但是对比发达国家，欧盟从碳达峰到实现碳中和历时 71 年，美国则为 43 年，中国实现碳中

和的时间紧迫性更强。进一步从总量来看，如图 1-2 所示，近年来中国 CO_2 排放总量约占全球的 30％，位居第 1，碳强度是全球平均水平的 130％、欧美国家的 2～3 倍。可见，"时间紧、任务重"是中国实现"双碳"目标的重大难题。

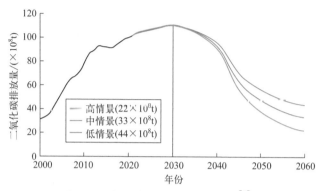

图 1-1　中国碳排放量趋势预测图[6]

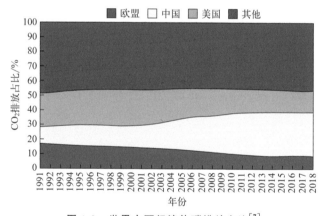

图 1-2　世界主要经济体碳排放占比[7]

　　中国能源系统规模庞大、需求多样。目前中国的能源系统体现为"富煤、贫油、少气"的资源禀赋和"一次能源以煤炭为主、二次能源以煤电为主"的消费格局。在中国能源探明储量中，煤炭占 94％，石油占 5.4％，天然气占 0.6％；2022 年，中国能源消费总量为 54.1 亿吨标准煤，煤炭占 56.2％，石油占 17.9％，天然气、水电、核电、风电、太阳能发电等清洁能源消费量占能源消费总量的 25.9％[7]。这种"富煤、贫油、少气"的能源资源结构决定了我国以煤为主的能源生产和消费格局长期存在，因此，推进化石能源低碳化利用是我国实现"双碳"目标的重中之重。从兼顾实现碳中和目标和保障能源安全的角度考虑，未来需要积极构建以高比例可再生能源为主导，核能、化石能源等多元互补的清洁低碳、安全高效的现代能源体系。

根据《BP 世界能源统计年鉴》（2020）的预测，到 2050 年，化石能源仍将扮演重要角色，占中国能源消费比例的 10%～15%。保持继续使用化石能源的同时实现净零排放的技术路径并不多，CCUS 是关键技术选择。在新能源、储能等相关技术发展水平还无法满足新能源成为主体能源要求的阶段内，化石能源必须发挥"压舱石"作用，而 CCUS 是实现化石能源低碳化利用的几乎唯一的技术选择。因此，在能源系统的绿色低碳、安全稳定供应、成本低廉等多重需求下，发展 CCUS 技术不仅是未来我国统筹兼顾经济增长与低碳目标的战略选择，也是保障能源安全和实现可持续发展的重要手段。

随着《巴黎协定》的签订与碳中和目标的提出，全球主要机构均在不同情境下对 CCUS 的需求进行了预测。联合国政府间气候变化专门委员会（Inter-governmental Panel on Climate Change，IPCC）研究发现，在无过冲或有限过冲 1.5℃路径下，所有气候缓解途径都将在一定程度上使用 CCUS 等二氧化碳去除技术来中和碳排放，并且在大多数情况下需实现净负排放。因此，CCUS 作为温室气体二氧化碳减排的可行方式，被认为是减缓气候变化的重要手段，在国际社会受到越来越广泛的关注。

1.2　CCUS 对电力系统安全低碳的意义

1.2.1　我国电力系统的安全稳定需要保留一定规模煤电

调整能源结构是实现碳中和目标的主要途径之一，未来我国的能源结构逐渐转变为以风能、太阳能等非化石能源为主。但煤电与非化石能源并非简单的此消彼长，而应是协调互补的发展关系，解决好煤电发展问题是我国稳妥实现电力低碳转型的关键。在碳中和目标下，煤电的功能将向调节性电源转变，由基本负荷向调峰负荷转变，逐渐由电量主体转变为容量主体，在为新能源发展腾出电量空间的同时，提供灵活调节能力以确保能源供给安全[8]。《中共中央国务院关于完整准确全面贯彻新发展理念做好碳达峰碳中和工作的意见》明确指出，加快煤炭减量步伐，"十四五"时期严控煤炭消费增长，"十五五"时期逐步减少。石油消费"十五五"时期进入峰值平台期。预计 2050 年我国天然气和石油消费量仍分别维持在 2030 年 9 亿吨标准煤的水平，两者分别占比 13%，煤炭消费占比不超过 24%，消费量低于 17 亿吨标准煤；2050 年非化石能源占一次能源消费总量的 50％以上，非化石能源中单一种类的能源占比都不会超过 24％；2050 年煤炭在我国的能源消费中依然排在第一，煤炭作为我国能源安全和稳定供应的"压舱石"，仍将在未来相当长一段时间内发挥重要作用。

构建新型电力系统是一个长期的过程，尽管我国目前的风电、光伏发电装机规模都处于世界领先的水平，但总发电量占比仍然很低。即使在最有利的气候条件下，风能和太阳能也无法产生足够的电能满足全年 100％的需求。利用 CCUS 技术，煤电企业可以在发电过程中减少对传统燃料的依赖，转为使用清洁能源，如天然气、生物质能源等（图 1-3），这有助于提高电力行业发展的可持续性。电力行业是温室气体排放的主要来源之一，通过 CCUS 技术，煤电企业可以捕集并封存二氧化碳，从而大幅减少温室气体的排放，有助于应对气候变化。

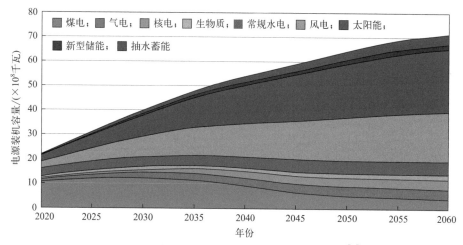

图 1-3　零碳情景下 2020—2060 年电源装机结构[9]

截至 2020 年底，我国煤电机组平均运行年龄仅为 12 年，显著低于欧美国家平均运行 40 年的水平。让这些煤电机组提前退役，不仅会给相关企业造成高额的沉没成本与财务负担，更会对电力系统的安全与稳定构成威胁，并造成经济社会资源配置的低效率。因此，我国煤电在电力保供中的地位短期内难以改变，仍需有序发展，防止煤电大规模过快退出而影响电力安全稳定供应，解决好煤电发展问题是我国稳妥实现碳中和的关键。

国家政策已为煤电的发展做出明确的指示。"十四五"期间严控煤电项目，根据发展需要合理建设先进煤电，继续有序淘汰落后煤电。预计"十四五"期间煤电规模及发电量仍有较大增长空间，装机容量增长约在 2 亿千瓦；"十五

"五"后期，将逐步削减煤电存量，不过削减量不大；到 2030～2035 年，削减会加速；到 2060 年，我国仍需保留 5 亿千瓦左右煤电。

1.2.2 CCUS 是电力行业转型升级的重要技术手段

CCUS 是减缓可再生能源波动、保持电力系统灵活性的技术保障。碳中和目标要求电力系统提前实现净零排放。大幅提高非化石能源发电比例，必将导致电力系统在供给端和消费端不确定性显著增大，影响电力系统的安全稳定。充分考虑电力系统实现快速减排并保证灵活性、可靠性等多重需求，煤电加装 CCUS 是具有竞争力的重要技术手段之一。火电 CCUS 技术的大规模部署可实现近零排放，提供稳定清洁低碳电力，平衡可再生能源发电的波动性，并在避免季节性或长期性的电力短缺方面发挥惯性支撑和频率控制等重要作用。

煤电是二氧化碳排放的最大来源之一，碳中和要求能源消费结构向低碳化、无碳化调整，因此煤电发展是实现碳中和目标的"排头兵"。在未来一段时间内，煤电将与非化石能源发电并存，煤电地位由"主体"向"兜底"转变，煤电发电利用时间减少、占比逐年下降，面对高比例非化石能源发电的新时代，煤电在未来需积累化石能源发电与非化石能源发电相结合的经验，面临清洁低碳化、深调灵活化、功能多元化和能源智慧化的改造技术挑战，在碳中和时期在电力系统中发挥电力平衡和调节作用。

当前，我国煤电发展的主要任务已从常规污染物排放控制转变为碳减排，清洁低碳化是面临的首要任务。在清洁化（污染物排放控制）方面，要求煤电机组在发电标准煤耗不大于全国平均水平时比燃气电厂更清洁。在污染物控制技术上，应当继续向深度一体化协同控制发展，逐步使大气污染物排放接近于零。要实现煤电机组低碳发展，需要逐步完成低碳-零碳-负碳排放，这主要需在节能改造技术、生物质等非煤燃料掺烧技术、CCUS 技术三方面进行技术突破。

CCUS 将二氧化碳从工业、能源利用或大气中分离出来，直接加以利用或注入地层，以实现二氧化碳的减排。因此 CCUS 作为煤电转型升级的重要技术手段，可以避免煤电产生大规模的二氧化碳排入大气，实现减排降碳的目的。

1.2.3 电力行业的转型路径受 CCUS 未来技术突破影响

CCUS 技术包括二氧化碳捕集、运输、利用及封存等环节的诸多技术手段，这些技术处于概念验证、实验室研究、示范验证、规模化应用等不同发展阶段。目前大部分技术仍处于示范验证和规模化应用前的阶段，实现大规模减排仍有待技术突破。

火电厂包括煤炭发电、石油发电以及天然气发电等发电方式，其中，煤炭机组为火电厂最主要二氧化碳的排放源，其占火电总碳排放的比例一直保持在 95% 以上。近年来，我国火电碳排放规模持续增加。从浓度来看，二氧化碳排放浓度在 8%～15%，属低浓度的排放源。现阶段煤电仍是我国主要发电方式，装机总量大，短时间难以被完全替代，未来燃煤电厂高效清洁燃烧的技术标准将以低碳排放为重点方向。

我国煤电行业 CCUS 技术的探索起步较早，发展迅速。总体发展呈现以下特征：一是捕集规模有所增长，碳捕集能力从初期华能北京热电厂碳捕集试验项目 0.3 万吨/年，到国能陕西国华锦界电厂示范项目 15 万吨/年，装置规模呈几何级增加；二是技术类型多，煤电行业示范项目以燃烧后捕集技术路线示范项目为主，除此之外，也建成了燃烧前捕集技术路线示范项目如华能天津 IGCC 绿色煤电示范项目，以及富氧燃烧技术路线示范项目如华中科技大学 3.5MW 富氧燃烧项目；三是示范项目从碳捕集逐步拓展到全流程，从碳捕集环节发展到捕集、利用与封存全流程。

CCUS 技术给煤电减排二氧化碳提供了一种路径，在能源转型过程中，发展"煤电＋CCUS"有助于降低转型成本。煤电机组将在新型电力系统的电力平衡中发挥重要作用。随着新能源渗透率持续提升，由于新能源的低保障出力特点，未来我国冬季晚高峰电力可能存在缺口，CCUS 技术的突破可有效发挥煤电的托底保供作用。

CCUS 技术具有较高的稳定性，且在中国国情和当前的发展阶段中，CCUS 技术在电力行业的低碳发展方面具有较大的潜力，为实现绿色低碳转型提供了不可或缺的技术路径。随着全球对碳排放的监管日益加强，碳定价成本可能成为电力行业的一项重要成本。利用 CCUS 技术可以减少碳排放，降低碳定价对企业的影响，提高企业的竞争力。因而，CCUS 技术的突破将对电力行业的转型产生深远影响，有助于推动电力行业向更清洁、更可持续的方向发展。

第 **2** 章

CCUS规模化示范项目进展及支持政策演进

受全球 CCUS 规模化示范项目进展以及政策支持力度的影响，推动 CCUS 技术在不同国家和地区的广泛应用成为实现碳中和目标的重要手段。为了有效推进这一进程，有必要从全球视角全面梳理各国 CCUS 规模化示范项目的实施情况和政策框架。因此，本章将通过详细的国内外规模化示范项目和政策分析，评估全球和中国 CCUS 规模化示范项目的商业化进程及其关键影响因素。为了确保分析的准确性，本章构建了系统的规模化示范项目和政策评估框架，作为深入了解各国 CCUS 规模化示范项目成功与挑战的基础。本章将基于这一框架进行全面的对比分析，主要揭示全球 CCUS 技术和政策发展的关键趋势，并识别促进 CCUS 技术应用和规模示范化发展的重要因素。

2.1 国内外 CCUS 规模化示范进展

2.1.1 国际 CCUS 规模化示范项目梳理

近年来，全球运行、在建和前期开发的大型 CCUS 规模化示范项目数量、捕集能力进入快速增长期。目前国际上介绍 CCUS 规模化示范项目的资料相对较少，大部分为碳捕集与封存（CCS）规模化示范项目，本节先梳理 CCS 规模化示范项目的建设情况。截至 2022 年 9 月，全球范围内共有 194 个大型 CCS 规模化示范项目❶，其中有 30 个处于运行状态，合计捕集 CO_2 能力 4250 万吨/年，另有 11 个处于建设阶段，153 个处于开发阶段；2022 年新增 CCS 设施的数量较 2021 年增长了 44%，延续了自 2017 年以来 CCS 规模化示范项目的上升势头（图 2-1）。从捕集能力来看，全球 CCS 规模化示范项目捕集能力逐年攀升，上述规模化示范项目总 CO_2 捕集能力约 2.44 亿吨/年（表 2-1）。设施数量与捕集能力的大幅增加使 CCUS 全球规模化示范项目进入飞速发展期。

表 2-1 全球 CCS 规模化示范项目数量及捕集能力[10]

项目情况	运行中	建设中	先行建设	早期建设	暂停运行	总计
项目数量/个	30	11	78	75	2	196
捕集能力/百万吨	42.58	9.63	97.6	91.86	2.3	243.97

❶ 根据 GCCSI（全球碳捕集与封存研究院）的定义，大型 CCS 项目为超过 40 万吨/年的工业源碳捕集项目，超过 80 万吨/年的发电源碳捕集项目，或超过 40 万吨/年的 CO_2 运输设施及 CO_2 封存项目。

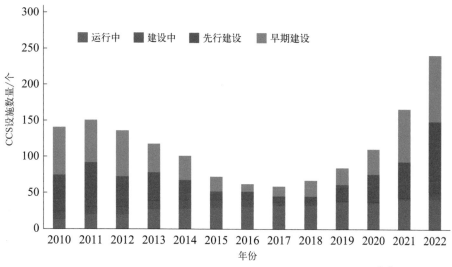

图 2-1　2010 年以来的全球大型 CCS 规模化示范项目发展情况[10]

　　从大型 CCUS 规模化示范项目主要的行业分布来看，已投运和规划建设中的 CCUS 示范项目的 CO_2 捕集源涵盖电力、油气、化工、水泥、钢铁等多个行业。在行业层面，早期的规模化示范项目集中在天然气加工、化肥加工等高浓度 CO_2 排放源的 CCUS 规模化示范项目上。目前全球的 30 个大型 CCUS 规模化示范项目中有 13 个分布在天然气加工行业，4 个分布在化肥生产行业，4 个分布在乙醇生产行业。高浓度 CO_2 源使捕集成本大大降低，捕集成本的降低有助于推进项目的部署，而新建的 CCUS 规模化示范项目呈现行业多元化的趋势，电力、化工行业 CCUS 部署进程加快。从规模化示范项目的各环节技术应用类型来看，捕集类型主要为气体加工，封存类型主要以驱油利用为主，项目规模基本上达到了工业化的生产能力。从规模化示范项目应用行业及技术路径组合来看，燃烧前捕集加驱油的技术路线被主要采用，说明减少捕集的能耗，增加 CO_2 的经济效益是支持项目发展的关键；目前已经在运行中的主要为全产业链运营的 CCUS 规模化示范项目，以驱油利用为主要营利方式也说明 CCUS 规模化示范项目的商业化模式有待进一步探索。

　　从主要的 CCUS 规模化示范项目的国别及区域分布来看，世界上的规模化示范项目主要集中于美国、欧洲、加拿大、澳大利亚等能源大国和地区，CCUS 技术已成为这些能源大国和地区保障能源安全及推进低碳化转型发展战略的重要组成部分。目前的 CCUS 规模化示范项目主要集中在欧洲和北美地区。运行中和在建项目中数量最多、总规模最大的都是美国，捕集规模分别占在运行项目的 35% 和新建项目的 43%。

从大型 CCUS 规模化示范项目主要的固碳方式来看，驱油利用、地下封存和食品级利用是当前较主流的方向。在全球 194 个 CCUS 规模化示范项目中，地质封存的项目最多，113 个项目达到了 189.18 百万吨/年的捕集规模。驱油利用项目有 34 个，捕集规模达到 51.6 百万吨/年。驱油技术可以把煤化工或天然气化工产生的碳源和油田联系起来，有较好的收益和应用前景。在未来，与氢能利用相结合的 CCUS 规模化示范项目将会越来越多。

在统计的全球 194 个大型 CCUS 规模化示范项目中，中国占有 7 项，其中在运行、在建和前期规划阶段的分别有 3 项、2 项和 2 项（图 2-2，图 2-3）。从单一项目规模上来看，我国近年来发展迅速，同发达国家的技术差距正在逐步拉近。在我国，CCUS 规模化示范项目主要处于研发与示范阶段，商业化程度不高，目前中石油、中石化、华能集团等国有企业在进行大规模的研发示范项目。世界范围内的 CCUS 规模化示范项目将为中国 CCUS 项目的商业化发展奠定良好的基础。

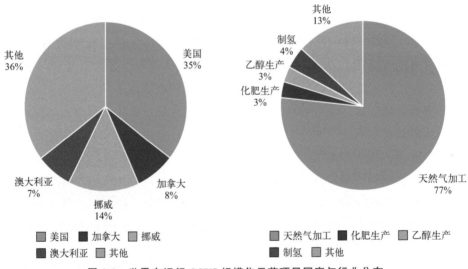

图 2-2　世界在运行 CCUS 规模化示范项目国家与行业分布

2.1.2　国内 CCUS 规模化示范项目进展

（1）国内 CCUS 发展历程回顾

中国 CCUS 的发展起步较晚、历史较短，与国际先进水平存在差距，至

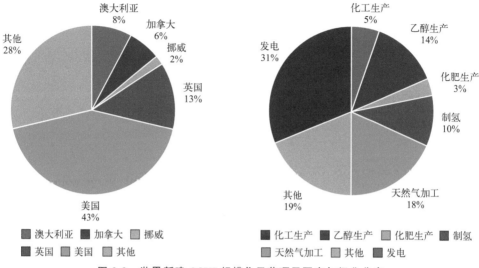

图 2-3 世界新建 CCUS 规模化示范项目国家与行业分布

今大致经历了前期准备与探索、储备开发与试验、扩大示范与应用三个阶段。

① 第一阶段：前期准备与探索（1950—2003 年）。CCUS 的概念于 1977 年被首次提出，而早在 1932 年 CO_2 分离技术已经得到大规模应用，1972 年国际上已经将 CO_2 驱油技术投入实践。国际上，天然气、合成氨、石油加工等行业的需求推动了 CO_2 分离技术的发展，石油开采行业驱动了 CO_2 驱油技术的发展，两项技术开始大规模工业应用的时间早于 CCUS 概念的提出。可以说 CCUS 是在 CO_2 分离与利用的基础上，受到气候变化的环境压力后催生出的概念。就 CCUS 的起源而言，中国国内情况与国际社会一致。

1950—1960 年间，中国从苏联引进三套合成氨装置后自建了 20 多个合成氨厂，这些合成氨装置主要采用热钾碱法脱除变换气中的 CO_2，这是中国最早应用的 CO_2 分离技术。

1963 年，大庆油田率先开展 CO_2 驱油试验研究，结果显示该技术有可能使采收率提升 10％。1970 年，中国再次从美国、荷兰、法国、日本等国成批引进十三套大型合成氨装置，主要采用醇氨法脱除 CO_2。此后，自 1984 年开始至 2000 年，渤海化肥厂、西南化工研究设计院、华北石油勘察设计院、华中科技大学、中石化南京化工研究院等单位陆续开展对 CO_2 分离技术的研究，包括变压吸附、膜分离、富氧燃烧、低分压回收等技术，并取得了不同程度的突破。

随着针对 CO_2 分离技术的研究不断推进并取得成果，CO_2 驱油技术也在逐步投入应用试验。1988 年，大庆油田在萨南东部过渡带开辟 CO_2 驱油实验区，对多个油层进行非混相 CO_2 驱油先导性矿场试验，总体取得了降低含水量、提高采收率的效果。1989 年，中国石化华东油气分公司凭借黄桥 CO_2 气藏资源优势，在苏 88 井开展 CO_2 单井吞吐试验，累计注入 CO_2 116t，提高原油采收率超过 5%。

可以发现，这一阶段中国更加重视 CO_2 的资源化利用，将 CCUS 定位为 CO_2 资源化利用的技术手段。

② 第二阶段：储备开发与试验（2003—2020 年）。20 世纪 90 年代初，CCUS 在国际上逐渐受到重视，美国、日本等国家先后启动 CCUS 专项研究计划，其中挪威于 1996 年建成的全球首个碳捕集与专用封存商业项目——斯莱普内尔取得巨大成功，碳封存规模达 100 万吨/年。国际上对 CCUS 的逐步重视与成功实践，促进了中国国内对 CCUS 的理解和认识。加之碳排放量迅速提高，减排压力不断增加，CCUS 逐渐被定位为一种重要的温室气体减排储备技术，中国 CCUS 的发展自此进入系统性研究和试验阶段。

2003 年，中国与美国、加拿大、英国等国家一道，成立了碳收集领导人论坛（CSLF），并确立部长级多边机制，旨在促进 CCUS 领域的国际交流与合作。

2004 年，中联煤层气有限责任公司在山西沁水建成 CO_2 驱替煤层气试验项目，总计注入 CO_2 1000t，是中国第一个 CCUS 相关的示范项目。

2005 年，联合国政府间气候变化专门委员会（IPCC）在《二氧化碳捕集与封存特别报告》中进一步肯定 CCUS 在气候治理中的重要作用。

2006 年，国务院发展研究中心明确提出，发展和利用 CO_2 捕集和封存技术是中国中期尺度上实现温室气体减排的最佳途径之一。同年起，得到国家自然科学基金、863 计划等支持的 CCUS 相关项目逐渐增加，"十一五"末期（2010 年左右）已达 40 余项，第一个全流程 CCUS 示范项目——中国石油吉林油田 CO_2-EOR 项目就是在这一时期建成的。

2009 年，科技部部长在第三届碳收集领导人论坛（CSLF）部长会议上提出重视 CO_2 资源化利用、CCUS 代替 CCS 的倡议，CO_2 利用相关项目进一步增多，利用途径也开始多样化：多个燃煤电厂建成 CO_2 捕集示范装置，多地驱油项目建成投运，微藻固碳项目建成。

2011 年，国务院发布《"十二五"控制温室气体排放工作方案》，明确提出在火电行业开展碳捕集试验项目；科技部也首次发布中国 CCUS 技术发展路线图，明确提出我国发展 CCUS 技术的目标是为应对气候变化提供技术可行和经济可承受的技术选择。国家开始更加系统地支持 CCUS 技术研发。

此后，各部门陆续发布 CCUS 相关文件，CCUS 技术研发与规范管理都得到重视。

2013 年，中国 CCUS 顶层设计明显加强：科技部出台《"十二五"国家碳捕集利用与封存科技发展专项规划》，旨在统筹协调、全面推进我国 CCUS 技术的研发与示范；国家发改委发布了关于推动 CCUS 试验示范的通知，提出了示范项目、基地建设、激励机制、战略规划、标准规范、能力建设、国际合作等重点任务；环境保护部（现生态环境部）环境规划院有关专家也撰文建议制定 CCUS 法律法规、许可管理、环境影响评价、强制监测、环境事故应急预案等制度。

2016 年，国务院印发《"十三五"控制温室气体排放工作方案》，提出开展 CCUS 试点示范。同年，环境保护部发布《二氧化碳捕集、利用与封存环境风险评估技术指南（试行）》，提出环境风险防范和应急措施要求。国家重点研发计划开始实施，并在后续三年资助了 14 项 CCUS 相关研究。

2019 年，科技部发布《中国碳捕集、利用与封存技术发展路线图（2019版）》，强调 CCUS 技术是中国减少温室气体排放的重要战略储备技术，提出中国 2030 年、2040 年、2050 年的 CO_2 利用年封存目标分别为 0.2 亿吨、2.0亿吨、8.0 亿吨。

各项政策不断发布并对 CCUS 发展提出更多、更新要求的同时，各个示范项目、示范装置接连建成。

2011 年，国家能源集团在内蒙古鄂尔多斯建成亚洲首个 CO_2 捕集与深部咸水层封存全流程示范项目，封存规模为 10 万吨/年，并在随后三年累计注入 CO_2 30 万吨，同时开展了 CO_2 监测研究。

2013 年，中国科学院山西煤炭化学研究所开始了 CO_2 工业废气加氢合成甲醇高效催化剂和关键设备的研发；华能集团建成中国首个燃气烟气碳捕集试验装置，规模为 1000 吨/年；陕西延长石油（集团）有限责任公司（以下简称延长石油）在陕西榆林建成规模为 5 万吨/年的 CCUS 示范项目，从陕西延长石油榆林煤化有限公司气化厂捕集 CO_2，并送往长庆油田靖边基地开展驱油试验。

2014 年，华中科技大学在湖北应城建成 35MW 富氧燃烧示范装置，捕集规模为 10 万吨/年，是世界上最大的富氧燃烧装置之一。2019 年，天津大学自主研制了工业规模 CO_2 分离膜组件，并牵头建成国内首套具有自主知识产权的每年捕集 CO_2 超 3000t 的两级膜法碳捕集试验装置。2020 年，中国科学院大连化学物理研究所与兰州新区石化产业投资集团有限公司合作，建成"10MW 光伏发电＋1000m³/h 电解水制氢（标准状态）＋千吨级 CO_2 加氢制甲醇"装置。

由此可见，这一阶段中国将 CCUS 定位为一种重要的温室气体减排储备技术，其发展也进入系统性研究和试验当中。

③ 第三阶段：扩大示范与应用（2020 年至今）。2020 年 9 月 22 日，中国正式提出"力争在 2030 年前实现碳达峰、2060 年前实现碳中和"的目标。生态环境部牵头发布的《中国二氧化碳捕集利用与封存（CCUS）年度报告（2021）——中国 CCUS 路径研究》明确指出：CCUS 技术是我国实现碳中和目标技术组合的重要组成部分，是我国化石能源低碳利用的唯一技术选择，是保持电力系统灵活性的主要技术手段，是钢铁水泥等难减排行业的可行技术方案，基于 CCUS 的负排放技术还是抵消无法削减碳排放、实现碳中和目标的托底技术保障。这表明，中国对于 CCUS 的定位，已经从碳减排储备技术，变成了碳中和关键技术。政府开始将 CCUS 纳入更高规格的顶层设计文件，企业开始积极规划百万吨级 CCUS 项目。中国 CCUS 的发展由此步入扩大示范与应用的新阶段。

2021 年 3 月，国务院发布《中华人民共和国国民经济和社会发展第十四个五年规划和 2035 年远景目标纲要》，明确提出要开展 CCUS 重大项目示范，这是 CCUS 技术首次被纳入国家五年规划重要文件。

2021 年 9 月，《中共中央　国务院关于完整准确全面贯彻新发展理念做好碳达峰碳中和工作的意见》再次明确提出推进规模化 CCUS 技术研发、示范和产业化应用。

2021 年 7 月，中国石化胜利油田百万吨级 CCUS 全流程示范项目启动建设，已于 2022 年 1 月建成交付。同年 9 月，华能陇东能源有限责任公司规划建设 150 万吨/年的 CCUS 项目，并获得庆阳市能源局投资项目备案。2022 年 2 月，中国石油召开 CCUS 工作推进会，提出组织推动 300 万吨 CCUS 规模化应用示范工程建设，制定碳输管网整体规划；延长石油也启动了 500 万吨/年 CCUS 工程总体规划设计编制，拟将煤制甲醇产生的 CO_2 经捕集、提纯、增压后，经管道输送到周边驱油。同年 3 月，广汇能源宣布，其在新疆哈密规划的 300 万吨/年 CCUS 项目已正式开工建设，首期建设 10 万吨/年示范项目。2023 年，全国规模最大煤电 CCUS 一体化项目，克拉玛依中国石油新疆油田分公司 2×66MW 煤电＋可再生能源＋百万吨级 CCUS 一体化示范项目获批。

可以发现，这一阶段许多大型 CCUS 示范项目获得立项并启动建设，CCUS 进入扩大示范与应用的新阶段。

（2）国内 CCUS 规模化示范项目汇总

2005 年以来，政府、企业、科研单位和高等院校等不同实施主体通过协同合作，开展了不同规模的跨行业 CCUS 规模化示范项目，成功积累了 CCUS 系统集成运行经验，共同推进了 CCUS 技术在我国的应用发展。中国主要 CCUS 规模化示范工程的基本情况如表 2-2 所示，据不完全统计，截至 2022 年 10 月，我国已投运和规划建设中的 CCUS 规模化示范项目接近 100 个。其中已投运项目 59 个，具备捕集能力超过 400 万吨/年，注入能力超过 200 万吨/年。

从行业分布看，中国已投运的 CCUS 规模化示范项目集中于火电、煤化工和石油化工等行业。国内钢铁行业 CCUS 尚处于技术研究与项目规划阶段，水泥行业已有的 CCUS 规模化示范项目捕集规模普遍较小，且缺少能够带来经济效益的 CO_2 利用过程。从各环节技术类别看，CO_2 捕集环节覆盖燃煤电厂的燃烧前、燃烧后和富氧燃烧捕集，燃气电厂的燃烧后捕集，煤化工及石油化工的燃烧前捕集，水泥窑尾气的燃烧后捕集和钙循环法等多种技术；CO_2 转化利用环节涉及 CO_2 矿化利用、CO_2 化工利用、CO_2 微藻生物利用和气肥利用以及食品利用等多种方式；CO_2 地质封存利用环节已完成了包括陆上咸水层封存、CO_2 强化石油开采（CO_2-EOR）、CO_2 驱替煤层气（CO_2-ECBM）在内的 CO_2 地质利用与封存技术示范。从整体规模看，目前已投运的项目中，100 万吨以上的只有齐鲁石化-胜利油田 CCUS 项目，大多数项目的捕集（利用）规模为 1 万～10 万吨，并且都是针对 CCUS 单一技术环节，且以小规模捕集驱油示范为主，缺乏大规模多种技术组合的全流程工业化示范，与拥有多个全流程 CCUS 技术示范项目经验的发达国家相比差距明显。

目前，中国已具备大规模捕集利用与封存 CO_2 的工程能力，CCUS 规模化示范项目目前正在从小规模科技示范（万吨级）向大规模示范应用发展。以中石油、中海油、国家能源集团、延长石油为代表的大型能源企业正在积极筹备 CCUS 产业集群，多个全流程百万吨级 CCUS 规模化示范项目也开始启动（表 2-3）。其中中石油将启动松辽盆地 300 万吨 CCUS 重大示范工程，中海油正积极筹建海上规模化（300 万～1000 万吨）CCUS/CCUS 集群，华能陇东能源正同步建设年捕集量 150 万吨的全球最大规模燃煤电厂 CCUS 全流程规模化示范项目。

表 2-2　中国建成投运或规划（建设）中的 CCUS 规模化示范项目（部分）

序号	项目名称	排放源	捕集技术	运输方式	封存或利用方式	投运年份	规模/（万吨/年）	现状
1	中石化华东油气田 CCUS 全流程示范项目	化工厂	燃烧前	槽车/槽船	EOR	2005	10	运行中
2	中石油吉林油田 CO₂-EOR 研究与示范	天然气净化	燃烧前	管道	EOR	2007	20	运行中
3	华能石洞口电厂碳捕集示范项目	燃煤电厂	燃烧后	罐车	食品/工业利用	2009	12	间歇式运营
4	新奥集团微藻生物固碳示范项目	煤制甲醇	燃烧前	/	微藻生物利用	2010	2	运行中
5	中石化胜利油田燃煤电厂 4 万吨/年 CO₂ 捕集与 EOR 示范	燃煤电厂	燃烧后	罐车	EOR	2010	4	运行中
6	中电投重庆双槐电厂碳捕集示范项目	燃煤电厂	燃烧后	/	保护气	2010	1	运行中
7	连云港清洁煤能源动力系统研究设施	燃煤电厂	燃烧前	管道	咸水层封存	2011	3	调试与运行中
8	神华集团煤制油 10 万吨/年 CO₂ 捕集和示范封存	煤制油	燃烧前	罐车	咸水层封存	2011	10	监测中
9	国电集团天津北塘热电厂 CCUS 项目	燃煤电厂	燃烧后	罐车	食品利用	2012	2	运行中
10	延长石油榆林煤化工 5 万吨/年 CO₂ 捕集与 EOR 示范	煤化工	燃烧前	罐车	EOR	2013	5	运行中
11	华中科技大学 35MW 富氧燃烧技术研究与示范	燃煤电厂	富氧燃烧	罐车	工业应用	2014	10	调试与运行中
12	中石化中原油田 CO₂-EOR 项目	煤化厂	燃烧前	罐车	EOR	2015	10	捕集装置建成

续表

序号	项目名称	排放源	捕集技术	运输方式	封存或利用方式	投运年份	规模/(万吨/年)	现状
13	华能绿色煤电 IGCC 电厂捕集利用和封存示范	燃煤电厂	燃烧前	罐车	EOR/咸水层封存	2015	10	捕集装置完工
14	敦华石油-新疆油田 EOR 项目	甲醇厂	燃烧前	罐车	EOR	2015	10	运行中
15	中石化齐鲁石油化工 CCUS 项目	化工厂	燃烧前	管道	EOR	2017	35	运行中
16	长庆油田 EOR 项目	甲醇厂	燃烧前	罐车	EOR	2017	5	运行中
17	中石油吉林油田 CO$_2$-EOR 商业化项目	天然气净化	燃烧前	管道	EOR	2018	60	运行中
18	海螺集团水泥窑烟气 CO$_2$ 捕集纯化技术示范项目	水泥厂	燃烧后	罐车	食品利用工业原料	2018	5	运行中
19	中海油丽水 36-1 气田 CO$_2$ 分离、液化及制取干冰项目	天然气净化	燃烧前	罐车/海运	干冰	2019	5	运行中
20	华润电力海丰碳捕集测试平台	燃煤电厂	燃烧后	/	/	2019	2	运行中
21	5 万吨/年尿素间接法合成碳酸二甲酯技术工业示范	外购气	/	/	化工利用	2020	5	/
22	华新水泥水泥窑烟气 CO$_2$ 吸碳制砖自动化生产项目	水泥厂	直接利用	/	矿化利用	2021	2.6	运行中
23	国华锦界电厂燃烧后 CO$_2$ 捕集与封存全流程示范项目	燃煤电厂	燃烧后	罐车	EOR	2021	15	运行中
24	华东石油南化公司 CCUS 合作项目	煤制氢	燃烧前	罐车	EOR	2021	20	运行中

续表

序号	项目名称	排放源	捕集技术	运输方式	封存或利用方式	投运年份	规模/(万吨/年)	现状
25	延长石油煤化工 CO₂ 捕集与驱油示范项目	煤化工	燃烧前	罐车	EOR	2022	30	运行中
26	齐鲁石化胜利油田 CCUS 项目	化工厂	燃烧前	槽车	EOR	2022	100	运行中
27	泰州电厂 50 万吨/年 CO₂ 捕集与资源化利用项目	燃煤电厂	燃烧后	就地利用	化工利用	2023	50	运行中
28	中石化金陵石化 CCUS 示范项目	炼化厂	燃烧前	罐车	EOR	2023	10	运行中
29	中海油海上 CO₂ 封存示范工程	油田	燃烧前	就地封存	地质封存	2023	30	运行中
30	浙能兰溪 CO₂ 捕集与矿化利用集成示范项目	燃煤电厂	燃烧后	就地利用	矿化利用	2024	1.5	运行中
31	国家电投 10 万吨级燃煤燃机 CCUS 创新示范项目	燃煤电厂	/	就地利用	保护气	/	10	建设中
32	冀东水泥碳中和示范园 10 万吨 CO₂ 捕集纯化项目	水泥厂	燃烧后	/	/	/	10	建设中

表 2-3　中国百万吨级 CCUS 规模化示范项目清单

序号	项目名称	排放源	捕集技术	运输方式	封存或利用方式	地点	规模/(万吨/年)	现状
1	齐鲁石化胜利油田 CCUS 项目	化工厂	燃烧前	槽车	EOR	山东淄博	100	运行中

续表

序号	项目名称	排放源	捕集技术	运输方式	封存或利用方式	地点	规模/（万吨/年）	现状
2	包钢 CCUS 全流程示范项目	高炉	工业分离	/	EOR 和化工利用	内蒙古包头	200	一期建设中
3	华润电力 100 万吨/年 CO$_2$ 捕集与离岸封存示范工程	电厂/炼油厂	燃烧前/燃烧后	管道	EOR/地质封存	/	100	计划 2025 年建成
4	国能宁夏煤业 CCUS 示范项目	煤制油	燃烧前	管道	EOR/地质封存	鄂尔多斯盆地	300	已备案
5	广汇能源 CO$_2$ 捕集、管输及驱油一体化（CCUS）项目	/	/	/	EOR	新疆哈密	300	一期建设中
6	华能陇东基地 150 万吨 CO$_2$ 捕集利用与封存示范项目	/	/	/	EOR/地质封存	甘肃庆阳	150	投资备案
7	通源石油百万吨碳捕集利用一体化（CCUS）示范项目	/	/	/	EOR	新疆库车	100	成立公司
8	延长石油 500 万吨/年 CCUS 工程	煤化工	/	/	EOR	/	500	规划编制
9	中海油大亚湾 CCUS 集群项目	石油化工	工业分离	管道	EOR 或地质封存	珠江口	1000	已启动
10	中石油 300 万吨 CCUS 规模化应用示范工程	/	/	/	EOR	松辽盆地	300	项目规划

2.1.3　CCUS 规模化示范项目发展趋势

(1) 跨行业的技术链及产业链协同度集成度增加

随着各环节技术研发示范与工程经验不断积累，以及规模化减排需求的增大，CCUS 单体规模化示范项目向着大型化发展，跨行业间技术链、产业链的全链条协同一体化发展趋势正在加速形成。随着技术的不断迭代，CCUS 各技术环节均取得了显著进展（图 2-4），部分技术已经具备商业化应用潜力。其中集成优化技术在国外已得到了商业应用，但在国内技术成熟度并不高。集成优化技术的发展对 CCUS 的未来发展至关重要。

(2) 项目大型化面临的技术和商业风险加大

从全球 CCUS 发展历程回顾来看，由于工程技术瓶颈或投资与商业运营等，CCUS 的工厂规模越大，则 CCUS 项目被终止或搁置的风险越大。据统计，1995—2021 年间提出的 CCUS 大型规模化示范项目中，年均 CO_2 产能若增加 100 万吨/年，故障风险将增加近 50%[12]。从图 2-5 可知，项目的失败率随着规模的增加逐渐变大，项目规模大于每年 30 万吨 CO_2 的工厂 78% 已被取消或搁置。项目的高失败率耗尽了分配给 CCUS 的社会资源，加深了人们对该技术的社会可行性和潜力的怀疑，阻碍了商业模式的创新，最终可能导致创新无法实现可持续循环。随着世界碳减排对 CCUS 的需求增加，世界各地均开展了大规模 CCUS 项目的部署。

(3) 产业布局形态区域集群化特征日益明显

随着全球 CCUS 规模化示范项目的需求增加，项目复杂性不断加大，共享 CO_2 运输和封存基础设施（管道、航运、港口设施和封存井）的产业集群模式在全球范围内已成为大势所趋。目前全球共有 32 个 CCUS 网络正在运行或处于早期/高级开发阶段，大多位于欧洲和北美地区。美国、加拿大等主要发达国家正在积极加快跨区域、跨行业集成的 CCUS 产业集群建设（美国"休斯敦航道 CCUS 创新区"每年封存 1 亿吨 CO_2，加拿大建设完成三个大规模 CCUS 集群网络）。CCUS 产业集群工程有助于实现煤电、钢铁、水泥、油气行业的耦合发展，减少产业链下游成本和项目运行的商业风险。

成功的 CCUS 项目能够提供宝贵的启示和指导，政府支持和有经济效益的创收方式被证明是 CCUS 规模化示范项目成功的关键。然而也需要关注 CCUS 项目的失败案例，这些失败案例涉及技术难题、经济可行性、社会接受度以及政策和监管等方面的挑战。通过深入分析失败的 CCUS 项目，能够识

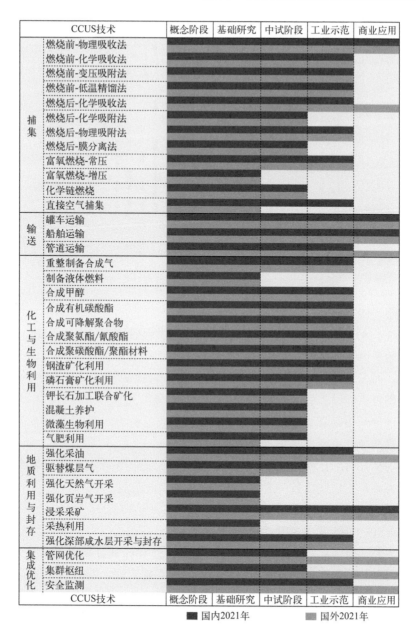

■ 国内2021年　　　■ 国外2021年

图 2-4　CCUS 技术进展[11]

别潜在的风险和障碍并采取适当的措施来解决这些问题，以确保未来的 CCUS 规模化示范项目能够更好地取得成功。

① 成功经验。选取国内外 8 项 CCUS 项目的成功案例进行分析。如表 2-4 所示，这些案例分别是中国的 3 项热电联产项目和 1 项油田 CCUS-EOR 项目，挪威的 1 项热电联产项目，加拿大的 1 项 CCUS-EOR 项目和 1 项燃煤电厂项

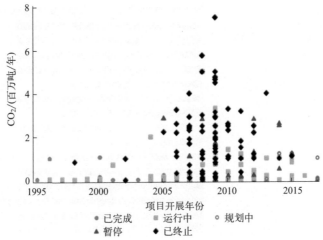

图 2-5 1995—2021 年 CCUS 项目运行状态梳理[13]

目以及德国的 1 项 CCUS-EOR 项目。

　　表 2-4 给出了这些项目的基本信息和成功因素的比较。可以看出，这些项目成功的原因主要体现在：①政府积极参与。中国政府会在科技研发上给予资金支持，而发达国家则通过直接投资与实施市场化减排机制来为 CCUS 示范项目提供投资激励。②企业与政府保持良好的合作关系。比如加拿大燃煤电厂的成功依赖于当地能源公司获得与政府合作的机会并得到当地公众的支持。③通过提高油气采收率获取经济收益以弥补 CCUS 项目高昂成本。通过对比这些进展良好的示范性项目还能发现，到目前为止，金融机构和其他社会资本基本没有参与到这些项目中去。

　　② 失败经验。尽管在各国政策和投资的推动下，CCUS 项目逐渐驶向发展的"快车道"，但随着规模化示范项目发展，与日俱增的项目失败情况仍不容忽视（表 2-5）。如今项目失败大多由于中途返修重建、资金缺乏或者技术限制，而归根到底在于 CCUS 项目本身技术和成本的不确定性，进而难以保证充足的资金支持，导致了风险和收益之间的不平衡[14-15]。一方面，CCUS 技术本身较为复杂，特别是 CO_2 存储地点的合理选取对项目的最终结果影响较大，例如澳大利亚的两项 CCUS 项目均由存储地点的选取失误导致成本远超预期，短期内难以保证项目的持续性；另一方面，CCUS 技术本身的不确定使得投资者难以合理预测 CCUS 技术的资金需求，如果政府融资激励政策缺失且社会资本参与不足，项目便面临中止的风险，例如英国的燃烧前捕获 CCUS 项目便因技术投标竞争机制不支持燃烧前捕获技术而出现资金中断。因此，CCUS 技术和成本的不确定性使 CCUS 融资机制的设计更为复杂，影响 CCUS 技术的大规模推广。

表 2-4 CCUS 示范项目典型案例成功原因分析

项目名称	所属国家	类别	政府融资	金融机构参与	社会出资	政府激励政策	其他经济收益
华能北京高碑店项目	中国	燃烧后	无	无	能源公司自筹	国家科技支撑计划支持	无
上海石洞口第二热电厂项目	中国	燃烧后	无	无	能源公司自筹	无	无
鄂尔多斯全流程 CCS 项目	中国	EOR	无	无	能源公司自筹	国家科技支撑计划支持	EOR
重庆合川双槐电厂项目	中国	燃烧后	无	无	能源公司自筹	无	无
Snøhvit	挪威	EGR	是	无	1 家私人公司参与	碳税	无
Weyburn-Midale	加拿大	EOR	无	无	12 家国际公司筹资	无	EGR
Boundary Dam	加拿大	燃烧后	是(19.35%)	无	能源公司与政府合作	电力市场管制	无
Schwarze Pumpe	德国	燃烧后	无	无	能源公司自筹	无	无

表 2-5 CCUS 示范项目典型案例失败原因分析

项目名称	所属国家	类型	状态	出现选址问题	成本不确定性	政府政策问题	未实现预期经济收益
Tjeldber Godden	挪威	燃烧后	终止	否	是	否	是
Killing Holme	英国	燃烧前 IGCC(整体煤气化联合循环机组)	延期	否	否	投标竞争机制不包含该技术	否
Kwinana	澳大利亚	燃烧前 IGCC	延期	是	否	否	否

通过比较上述若干 CCUS 规模化示范项目成功与失败的案例，影响 CCUS 项目建设成败的关键因素可以总结为以下几点：一是政府在资金支持和技术研发上的支持力度。我国 CCUS 规模化示范项目的成功离不开国家在科研资金上的资助，而美国燃煤电厂＋氢气 IGCC/CCS 项目的失败便是因为政府决策上出现了失误。二是市场化减排机制为 CCUS 项目提供的融资激励。挪威的碳税机制有效激励了当地 CCUS 项目的快速发展。三是利用提高油气采收率等方式获得的经济收益来弥补 CCUS 项目的高昂成本，CCUS 示范项目的实践会促进 CCUS 技术的大规模推广。四是 CCUS 关键技术的研发力度，存储地点合理选择等关键技术问题的解决有利于降低 CCUS 技术的不确定性。五是政府与社会资本的融洽合作机制。CCUS 技术的投资者需要与政府建立良好的合作伙伴关系以获得强有力的政策支持，同时政府应尝试构建引入社会化资本参与的多主体融资机制以满足 CCUS 技术的资金需求。

2.2　国内外 CCUS 支持政策演进

2.2.1　国际 CCUS 政策回顾

促进 CCUS 发展的政策框架应具备四个主要特征：支持项目扩大规模部署的能力、适当的经济激励、短期和长期的投资规划以及对技术迭代的持续支持（图 2-6）。其中宏观支持政策、行政命令政策、资金激励政策和市场机制

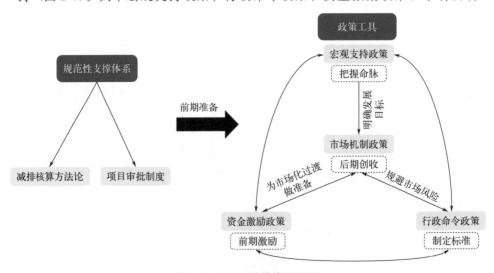

图 2-6　CCUS 政策协同机制

政策需要协同起效，共同推动技术与市场的不断融合。

（1）规范性支撑体系

税收抵免、运营补贴、监管要求等政策工具已在世界范围内被证明是激励 CCUS 发展的有效工具。但除此之外，在使用现有的 CCUS 政策工具前，一些前期工作是必不可少的，其中包括完善 CCUS 减排核算方法论，明确国家、地区、行业相关标准，健全项目审批制度，制定相关约束政策等。

① CCUS 减排核算方法论。目前 CCUS 气体排放核算领域只有一些指导性和框架式的规范或方法指南。CCUS 项目的核证和减排效果的量化标准是 CCUS 未来纳入碳排放权交易系统（ETS）的重要前提条件[16]，因此完善 CCUS 减排核算方法论迫在眉睫。《2006 年 IPCC 国家温室气体清单指南》第 2 卷《能源》提供了 CCUS 实施中的碳排放核算方法指南[17]。在此基础上，一些国家和地区的政府机构和组织发布了相关的指南和报告，旨在提供有关如何计算和监测 CCUS 碳排放量的指导。欧盟、美国和澳大利亚分别出台《温室气体排放监测和报告条例》、《加州 CCUS 执行报告》和《澳大利亚设施排放评估技术指南》，在报告与指南中提出了国家和地方层面的 CO_2 地质封存的监测、报告和验证（MRV）方法[18]。

尽管国外已有对 CCUS 全流程碳排放核算方法的初步研究，但仍存在覆盖环节不完整、核算边界不明确、核算方法不具体等问题。因此，国外的核算方法不可直接用于指导我国 CCUS 产业链中的企业开展 CO_2 排放核算工作，我国应在各国家核算方法的基础上开展符合实际情况的 CCUS 碳排放核算方法论。

② 项目审批制度。世界范围内已有相关国家建立了较为完善的 CCUS 项目审批制度。美国环境质量委员会（CEQ）已发出指引，指引要素包括促进联邦政府对 CCUS 项目和 CO_2 管道的决策、公众参与、对环境影响的理解以及 CO_2 的去除。2022 年，CEQ 发布了临时指导意见，以澄清和简化 CCUS 在美国的许可程序，并帮助加快项目活动的实施。CEQ 要求在环境审查中对 CCUS 项目进行程序化处理，利用 FAST-41 许可计划，协调 CO_2 管道扩建监管、《基础设施投资和就业法案》（IIJA）实施中的跨机构合作，关注环境正义原则和其他措施，以增强公众对 CCUS 项目的信心。欧盟委员会预计将 CCUS 项目纳入制定净零项目中，以便获得单一政府部门的快速审批，且更容易获得资金。

（2）CCUS 政策工具

CCUS 的政策工具主要分为行政命令政策、资金激励政策以及市场机制政策，各政策工具的协同使用将促进 CCUS 的发展。世界各地区 CCUS 政策的使用与开展情况也将为中国 CCUS 政策的发展提供启示。

① 宏观支持政策。宏观支持政策的主要目的是从政策层面明确 CCUS 产业发展的阶段性目标，并将发展目标与产业现实联系起来。加拿大将 CCUS 列为实现净零排放的关键技术。加拿大政府在 2022 年第一季度发布了 2030 年减排计划，其中包括制定 CCUS 战略，以激励该技术的开发和采用。该计划为加拿大如何实现其《巴黎协定》国家自主贡献目标提供了路线图。澳大利亚对 CCUS 技术部署路径进行了充分讨论。2020 年，澳大利亚发布《投资路线图讨论文件：加速推进低排放技术的框架》，对 CCUS 在制氢及其他应用的部署路径进行了讨论。英国重视产业集群的建设，同时侧重工业碳减排。英国曾发布多个战略计划，阐述 CCUS 技术的重要性与必要性，以及设定与 CCUS 相关的发展目标。在 2017 年、2018 年和 2021 年分别出台了清洁增长战略（Clean Growth Strategy）[19]、英国 CCUS 行动计划（UK CCUS Action Act）[20] 和净零战略（Net Zero Strategy）[21]，旨在降低 CCUS 技术成本、实现 CCUS 在工业领域的规模化部署，并提出了建设四个 CCUS 产业集群的目标。

从各国家的宏观支持政策来看，依托各国国情，不同国家的政策各有侧重，可为中国未来的政策部署建设提供一定参考。

② 行政命令政策。

a. 减排约束政策。强制性减排约束政策是促进 CCUS 发展的有效政策手段。通过为行业设定排放上限与减排标准，有助于促进 CCUS 技术的推进并增加 CCUS 在难减排部门的应用。欧盟发布《工业污染物排放指令》，规定交通运输、大型燃烧工厂、固定工业排放源等领域 CO_2 等温室气体排放标准；美国环境管理部门多次建议设定新建电厂碳排放限额，2013 年 3 月美国国家环境保护局（EPA）提出新建电厂的 CO_2 排放不超过 454g/(kW·h)，2013 年 9 月再次提出新建燃煤电厂和小型燃气电厂 CO_2 排放不超过 454g/(kW·h)，大型燃气机组 CO_2 排放不超过 499g/(kW·h)；加拿大增加燃煤电厂性能标准，在 2015 年要求燃煤电厂拥有和 NGCC 大致相同的 CO_2 排放水平，低于 420g/(kW·h)。

b. 立法监管政策。如表 2-6 所示，各个国家和组织的 CCUS 立法监管框架也因不同的法律制度与立法特点而各有侧重。欧盟、英国、澳大利亚、美国及加拿大等国家和组织在 CCUS 法律监管框架的建立与完善方面位于世界前列。英国将 CCUS 纳入《能源法》进行监管，并辅以行政条例等方式规定了监管的细节；欧盟使用系列立法和 CCUS 封存专项指令的形式进行监管[17]；

澳大利亚突出地方的监管自治，并从监管原则出发强调海上 CCUS 项目的监管；美国在赋予各州监管自治权的基础上最大化现有法律监管框架对 CCUS 项目的适用性，2024 年 4 月 24 日，EPA 发布了针对电力行业的最终规则，旨在通过减少现有燃煤发电厂和新的天然气火电机组的 CO_2 排放，以应对气候变化并改善公共健康。根据 EPA 的规定，燃煤电厂必须在 2032 年之前遵守新标准，否则 2039 年之后将无法再运营。而加拿大是在地方层面进行了 CCUS 监管的制度创新[22]。

表 2-6　各国家和组织 CCUS 监管框架对比

问题类别	内容	欧盟	英国	澳大利亚	美国	加拿大
CCUS 监管法律途径选择依据	修改碳排放交易指令，并纳入 CCUS	√	×	×	×	×
	发布针对 CO_2 地址封存的指令或法律	√	√	√	×	√
	为 CO_2 海上封存建立监管框架	×	√	√	×	×
	有专门针对 CCUS 监管的制度性文件	√	×	×	√	√
	形成国家层面关于 CCUS 的法律体系	/	√	√	√	√
	形成地方层面关于 CCUS 的法律体系	/	×	√	√	√
设置许可制度与信息公开制度	针对 CO_2 封存活动/项目制定许可制度	√	√	√	√	√
处理涉 CCUS 权利冲突问题	对温室气体地层的勘探、注入和封存设置明确的权利界限	×	×	√	×	×
	为温室气体封存活动与石油行业在各阶段的衔接建立协调机制	×	×	√	×	×
	依据不同的 CCUS 阶段对国家政府和地方政府赋予不同的监管权	/	×	×	√	√
确定关闭后责任	是否设置关闭后责任	√	√	√	√	√

在监管框架方面，各国也推出了不同的政策。美国同时扩大了国家 CCS 特定立法，计划以州级立法和新的联邦立法来规范租赁和监督离岸 CCS 业务；西澳大利亚州批准了《温室气体储存和运输法案》的起草，该法案可巩固该州 CCS 的监管制度[23]；日本宣布了一项致力于制定 CCS 专用监管框架的政策法规。尽管各国家和地区在具体法律监管上有一些不同，但在 CCUS 监管的关键问题上表现出了较强的一致性。各国家和地区在监管立法的路径选择，权利冲突的处理原则，以许可制为核心、以信息公开为保障的程序设定和关闭后责任制度方面对中国 CCUS 立法监管体系政策有较大的借鉴意义。

③ 资金激励政策。

a. 税收政策。欧洲是全球碳税政策应用最为成熟的地区，可以通过向化石燃料生产者、使用者征收碳税来减少 CO_2 排放。全球碳税较高的地区基本都在欧洲。此外，欧洲还是全球碳税政策应用最为成熟的地区，通过向化石燃料生产者、使用者征收碳税来减少 CO_2 排放。欧洲国家的碳税均在已有环境税修改的基础上实现，按照推行范围可分为以明确税种形式提出和作为拟碳税提出的形式。虽然碳税不是针对 CCUS 设施的激励措施，但它也直接或间接地促进了 CCUS 设施的部署。欧盟国家作为碳税的早期采用者，也是碳捕集与封存的先驱。挪威于 1991 年开始征收碳税，斯莱普纳 Sleipner 和 Snøhvit CCS 项目到目前为止已经封存了超过 2000 万吨的 CO_2。2021 年 7 月欧盟提出了"减排 55%"立法提案，该法案将增加一个新的碳边界调整机制，将碳税施加至进口的目标产品以避免碳逃逸（表 2-7）。除此之外，税收优惠政策也广泛应用于美国、加拿大等其他国家。

表 2-7　欧洲碳税政策对比[24-26]

国家	征收对象和范围	税率设定	税收优惠
芬兰	能源产品燃烧的 CO_2	初始阶段的碳税与现阶段相比税率相当低，碳税税率是逐渐增加的，以减小碳税改革过程中遇到的政治阻力	仅为工业企业设定较低税率；初始名义税率水平相比其他国家原本就已经明显偏低；对高耗能产业推出了税收返还制度，以减轻它们的能源税负
瑞典	用于发电以外其他用途的化石能源，对于电力产品征收单独的能源消费税	将碳税依附于能源税，通过将碳税税率的设定依赖于化石能源中的含碳量，从而针对不同的化石能源制定了不同的税率	针对工业企业缴纳碳税进行税收优惠；对于高耗能企业政府还制定了额外的税收优惠措施。电力生产企业甚至不用缴纳任何的碳税或者能源税，但是非工业消费者在用电时需要缴纳电力消费税

国家	征收对象和范围	税率设定	税收优惠
挪威	包括石油产品和煤炭产品,对于天然气的使用不征收碳税	实际税率在不同产业和能源产品之间差异很大	造纸、冶金和渔业享受较大幅度的税收减免,同时北海地区与大陆地区相比享受更多的税收优惠
丹麦	附加于已有的对石油、煤炭和电力等产品开征的能源税之上	初始税率较高,在推出碳税的同时推出能源税的减免方案	对工业企业和高能耗企业进行税收减免

美国 2008 版《能源改进和扩展法案》中确立的 48A 和 45Q 投资税收抵免政策极大促进了 CCUS 的市场开发。45Q 税收抵免政策经过 2018 年的修订后,每吨 CO_2 的补贴金额得到了大幅提升,并采用了递进式 CO_2 补贴价格的设定方式。其中,CO_2 地质封存(主要指咸水层 CO_2 地质封存方式)的补贴价格由 25.70 美元/t(2018 年)递增至 50.00 美元/t(2026 年),其他 CO_2 利用技术(主要指用于咸水层 CO_2 地质封存方式和其他 CO_2 转化利用方式)的补贴价格由 15.29 美元/t(2018 年)递增至 35.00 美元/t(2026 年),具体补贴金额如表 2-8 所示。2021 年 1 月 15 日,美国发布 45Q 条款最终法规,抵免资格分配制度更加灵活,明确私人资本有机会获得抵免资格。这种方式使得投资企业可以确保 CCUS 项目的现金流长期稳定,大大降低了项目的财务风险,从而鼓励企业投资新的 CCUS 项目[27]。

表 2-8　45Q 税务抵免政策的 CO_2 补贴价格

项目	2018 年	2019 年	2020 年	2021 年	2022 年	2023 年	2024 年	2025 年	2026 年
地质封存/(美元/t)	25.70	28.74	31.77	34.81	37.85	40.89	43.92	46.96	50.00
EOR/CCU	15.29	17.76	20.22	22.68	25.15	27.61	30.07	32.54	35.00

2022 年 8 月 16 日,美国总统拜登签署《通胀削减法案》(Inflation Reduction Act,IRA),这一法案对美国各地的 CCUS 项目起到了显著推动作用。IRA 主要有四项内容:大幅增加了国内 CCUS 项目联邦所得税抵免(通常被称为"45Q 抵免")的金额;使 CCUS 项目更容易获得 45Q 抵免资格;为 45Q 抵免额度货币化提供了重要的新途径;将 45Q 合规项目的开工最终期限从 2026 年延长到 2033 年。IRA 进一步上调了 45Q 税收抵免金额,从《能源改进和扩展法案》2018 修订版给予 CO_2 地质封存和利用补贴价格 50 美元/t 和 35 美元/t,提高至 85 美元/t 和 60 美元/t,且如果是采用直接空气捕集(direct air capture,DAC)技术捕获的 CO_2,抵免额度可达到 180 美元/t 和

135 美元/t。此外，IRA 还放宽了 CCUS 设施获取 45Q 税收抵免所必须满足的 CO_2 捕集和封存利用规模的门槛要求。对于发电设施，IRA 要求其每年捕获的 CO_2 量从 50 万吨降低到 1.875 万吨。对于 DAC 项目，IRA 将其年度捕获量要求从 10 万吨降低到 0.1 万吨，而其他所有工业设施的捕获量要求降低到 1.25 万吨。先前法律规定的高门槛导致许多 CCUS 项目无法得到 45Q 税收抵免政策的补贴支持，而 IRA 法案降低该门槛，极大地激励了许多 CCUS 项目发展[27]。除了 45Q 税收补贴政策外，其余税收激励政策也值得重视（表 2-9）。

表 2-9　美国的税收激励政策

激励类型	描述	价值/条款	附加信息
45Q 税收抵免	一项可退还、可转让的税收抵免，允许碳捕集项目开发商获得政策税收抵免的 85%，并要求退还任何理由导致的多缴税款	①60 美元/t：捕获的 CO_2 用于提高石油采收率（EOR）；②85 美元/t：在地质构造中封存的 CO_2；③180 美元/t 和 135 美元/t：采用直接空气捕获技术捕获的 CO_2	①要获得资格，电力项目必须每年至少捕获 1.875 万吨 CO_2，DAC 项目的年度捕获量需达到 0.1 万吨，其他所有工业设施的捕获量需达到 1.25 万吨；②项目必须在 2033 年之前开始建设；③私人资本有机会获得抵免资格
投资税收抵免	纳税人可以直接用缴纳的国外所得税来抵扣美国所得税	符合条件的财产原始成本的 30%（《通货削减法案》将投资税收抵免政策延期 10 年）	项目的折旧基础减去美国太阳能投资税减免（ITC）值
免税私人活动债券	以较低利率向债券持有人提供债务融资的免税债券类型	更灵活和优惠的借贷条件带来的额外好处	债券持有人收到的利息不是应税收入
加速折旧	出于税收目的，允许资本资产比正常摊销时间更早收回的折旧方法	五年期修改后的加速成本回收系统（MACRS）	降低在项目生命周期内支付的税款的净现值。例如：红利折旧
有限合伙企业	具有混合公司结构的实体，作为税收目的的直通实体被赋予特殊地位	公司赚取的应税利润在投资者层面征税一次	这种特殊的税收待遇降低了融资项目的成本
生产税收抵免	该奖励为符合条件的项目生产的每单位电力支付特定金额［美元/（kW·h）］	依照生产能力价值不同	比资本激励更有吸引力和更有效。例如：风力 PTC

除此之外，加拿大在 2022 年联邦预算中通过投资税收抵免大力支持

CCUS。从 2022 年到 2030 年，直接空气捕集项目的税收抵免率为 60％，所有其他碳捕集项目的税收抵免率为 50％，运输、封存和利用的税收抵免率为 37.5％；从 2031 年到 2040 年，以上三者的税收抵免率分别降至原来的一半。从 2022 年 1 月 1 日开始，企业可以申请税收抵免，这些企业需要支付购买和安装捕获 CO_2 新项目设备产生的相关费用。企业只有同意遵守验证和核查程序，证明项目符合 CO_2 封存要求，并提交与气候相关的财务披露报告，才能申请税收抵免。

b. 补贴政策。各国针对 CCUS 的补贴政策可以分为专项基金补贴、项目补贴、运营补贴等。

专项基金补贴是最常见的补贴方式。美国、欧盟等世界主要 CCUS 利用国家和组织均采用该政策工具。美国自 2009 年以来，已通过《美国复苏与再投资法案》《基础设施投资与就业法案》等法案，为 CCUS 项目提供了几十亿美元的资金支持。欧盟的专项补贴政策主要由启动于 2007 年的欧盟战略能源技术计划和 2020 年的欧盟创新基金组成。前者将 CCUS 技术纳入重点行动领域并通过建立多方参与的合作平台、提供政策指导和资金支持等方式，推动了欧洲范围内多个 CCUS 示范项目和先导项目的实施；后者利用来自欧盟碳排放交易体系（EU ETS）的拍卖收入预计在 2020—2030 年期间为包括 CCUS 在内的清洁技术提供约 100 亿欧元的资金支持。

加拿大的 CCUS 补贴政策侧重于为促进其商业化发展提供资金与技术支持。加拿大政府在 2020 年 11 月宣布了一项为期 10 年、总额为 15 亿加元（约合人民币 78 亿元）的低碳和零排放燃料基金，用于支持 CCUS 等清洁能源技术的发展，还建立了总额为 18 亿加元（约合 92 亿元人民币）的战略创新基金（SIF）支持各种战略领域的创新项目，其中包括 CCUS 技术。此外，清洁增长中心（CGC）也为加拿大的商业化项目提供支持。Quest 项目的运营依靠清洁能源基金和阿尔伯塔 CCS 基金支持。

澳大利亚政府在 CCUS 补贴方式上有了创新性的发展，通过将 CCUS 纳入可再生能源范围内的方式使其享受电价补贴。除此之外，澳大利亚于 2020 年 9 月宣布了一项 20 亿澳元（约合 94 亿元人民币）的低排放技术基金，该基金旨在支持包括 CCUS 技术在内的五种优先领域的低碳创新，将通过提供资本补贴、贷款担保、股权投资等方式，帮助降低低排放技术项目的成本和风险；政府出资 100 亿澳元（约合 469 亿元人民币）资助清洁能源金融公司（CEFC）向清洁能源项目提供商业化的融资服务，其中包括支持 CCUS 项目；碳捕集与封存旗舰计划（carbon capture and storage flagships program）、碳捕集与封存研究基金（carbon capture and storage research fund）、碳捕集与封存中心（CO_2CRC）等也为 CCUS 的商业化提供资金与支持。

④ 市场机制政策。

排放交易体系的目的是为排放定价（图 2-7），从而以一种具有成本效益的方式激励减排。碳市场机制能够为 CCUS 产业的碳减排量提供价值，电力、石油等能源市场机制则能够为 CCUS 产业的电力供应及生产产品提供价值。配额分配是市场机制成功的关键[28]。

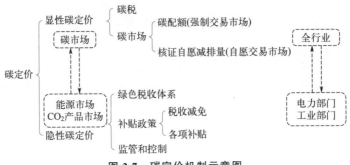

图 2-7 碳定价机制示意图

加拿大已将 CCUS 项目纳入其碳市场，每年都有新的 CCUS 项目申请加入。如图 2-8 所示，阿尔伯塔省的碳市场拥有最多的 CCUS 项目，CCUS 项目获得的奖励是经认证的减排项目的两倍。

2020 年前，欧洲碳交易市场的 CO_2 价格较低，碳市场对 CCUS 项目的支持力度有限。另外，碳交易市场的碳价不确定性也影响了企业对 CCUS 投资的判断。随着欧盟碳配额发放进一步收紧，2023 年初欧盟市场的碳价格甚至接近 100 欧元/t（图 2-9）。

除此之外，英国和荷兰推出的差价合约（contract for difference，CFD）机制可以为 CCUS 项目提供一个预先确定的碳价格，从而降低投资风险和融资成本，也值得参考与借鉴。

2.2.2 中国 CCUS 政策回顾

(1) 中国 CCUS 政策进展

随着中国对 CCUS 技术的定位转变为碳中和关键技术，CCUS 在中国的地位不断提高，相应政策支持力度也呈现逐步加大的趋势。

考虑到中国产业发展相关的国家政策主要由国务院及有关部委制定发布，且在时间周期上通常与国民经济和社会发展五年计划的编制保持较好的一致性，因此分为 4 个阶段梳理 CCUS 相关政策情况。

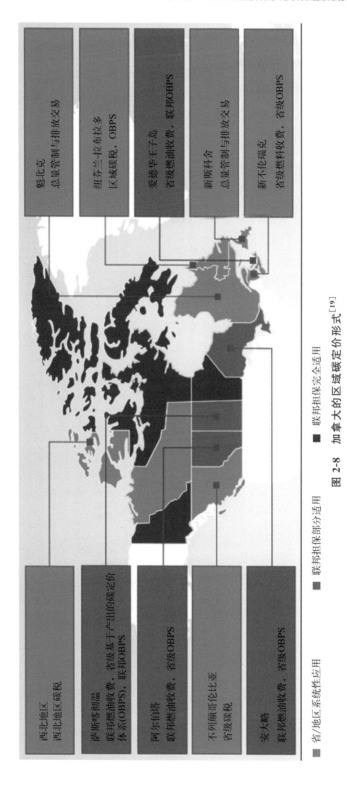

图 2-8　加拿大的区域碳定价形式[19]

魁北克
总量管制与排放交易

纽芬兰-拉布拉多
区域碳税，OBPS

爱德华王子岛
省级燃油收费，联邦OBPS

新斯科舍
总量管制与排放交易

新不伦瑞克
省级燃料收费，省级OBPS

西北地区
西北地区碳税

萨斯喀彻温
联邦燃油收费，省级基于产出的碳定价
体系(OBPS)，联邦OBPS

阿尔伯塔
联邦燃油收费，省级OBPS

不列颠哥伦比亚
省级碳税

安大略
联邦燃油收费，省级OBPS

■ 省/地区系统性应用　　■ 联邦担保部分适用　　■ 联邦担保完全适用

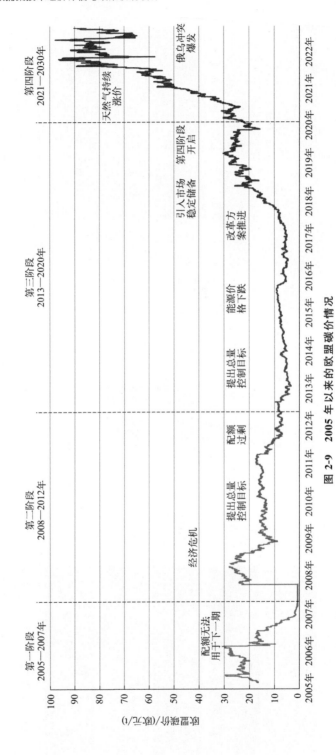

图 2-9　2005 年以来的欧盟碳价情况

来源：ICE 期货交易所

① "十一五" 阶段。减碳先声（2006—2010 年）。"十一五" 时期，气候变化问题已受到全球社会与民众的较大关注。

2006 年 2 月，中国在《国家中长期科学和技术发展规划纲要（2006—2020 年）》中明确要推动化石能源 "零碳化" 开发利用，首次将 CCUS 列为前沿技术之一，从国家层面正式提出要大力开发与应用 CCUS 这项前沿的低碳化技术。

2007 年 6 月，科技部和国家发改委等 14 个部委联合发布的《中国应对气候变化科技专项行动》中，将 CCUS 列为重点支持、集中攻关和示范的关键技术领域。

2010 年，工信部提出以水泥行业为试点，加快开展 CCUS 技术应用的可行性研究。

同时，技术研发与试点应用工作在 "十一五" 期间也逐步开始启动。在国家高技术研究发展计划（863 计划）、国家重点基础研究发展计划（973 计划）、国家科技支撑计划及国际科技合作项目的支持下，国内有关高校、科研院所、企业开展了 CCUS 基础理论研究及技术研发，实施了吉林油田 CO_2-EOR 研究与示范、华能石洞口电厂项目等试点项目，为中国 CCUS 的发展奠定了前期基础。

② "十二五" 阶段。战略规划（2011—2015 年）。"十二五" 后，CCUS 技术在全球的关注度持续升温，相关政策进入密集发布状态，中国开始围绕 CCUS 制定整体性、战略性部署计划，并明确相关目标。

2011 年，科技部发布了《国家 "十二五" 科学和技术发展规划》，明确要大力发展 CCUS 技术；同年又组织发布了《中国碳捕集、利用与封存（CCUS）技术发展路线图研究》专项报告，首次提出了中国不同阶段的 CCUS 发展目标及优先方向，相关内容在 2012 年国家出台的应对气候变化、节能环保等规划中也得到体现。

2013 年，科技部、国家发改委、环保部分别就 CCUS 技术研究、试点示范、环境影响及风险应对等工作发布了专项政策文件，多部门的协同配合有力促进了我国 CCUS 示范项目布局发展。同年，我国 CO_2 捕集利用与封存产业技术创新战略联盟也正式成立，带动了产学研用的合作走向深入。

到 "十二五" 末期，部分 CCUS 技术成果已列入国家发改委公开发布的重点推广低碳技术目录中。此外，"十二五" 期间，我国 CCUS 有关法律法规研究、标准建设、债券融资支持等工作内容在国家政策文件中也陆续开始提及。总体上看，我国在 "十二五" 时期形成了 CCUS 的初步布局，并加快落实项目试点工作。

③"十三五"阶段。实践探索（2016—2020 年）。"十三五"期间，中国继续深化 CCUS 技术与产业发展的定位与布局，并在环境风险评估、技术标准建设、投融资支持等领域开展了相关实践，同时进一步推动试点示范工程项目建设，有力促进了 CCUS 的规范化发展。

2016 年，国家发改委在《能源技术革命创新行动计划（2016—2030 年）》《能源生产和消费革命战略（2016—2030）》等规划中率先明确发展 CCUS 是中国中长期的重要工作。随后，在国家创新规划、应对气候变化专项规划等文件中，对碳捕集、运输、利用和封存等环节的更高水平技术创新和重点行业的 CCUS 大规模示范项目建设等方面，进行了具体相关工作部署。

2019 年，基于 CCUS 技术本身及发展环境发生显著变化的背景，科技部组织发布《中国碳捕集利用与封存技术发展路线图（2019 版）》报告，在 2011 版路线图的基础上进一步明晰 CCUS 技术的战略定位，提出构建低成本、低能耗、安全可靠的 CCUS 技术体系和产业集群的总体愿景，并更新了不同时间阶段的发展目标与优先方向等内容。齐鲁石油化工、国华锦界能源有限责任公司等工程示范项目的建设为 CCUS 逐步迈向规模化示范应用积累了有益工程经验。

同时，CCUS 环境影响风险控制得到国家重点关注。环保部在 2016 年正式发布《二氧化碳捕集、利用与封存环境风险评估技术指南（试行）》，明确了环境影响风险评估的流程，并提出了环境风险防范措施和环境风险事件的应急措施，对加强碳捕集、运输、利用和封存全过程中可能出现的各类环境风险的管理具有重要意义。

生态环境部中国环境科学研究院及中国 21 世纪议程管理中心牵头主编的《中国二氧化碳捕集利用与封存（CCUS）年度报告（2021）》，总结并梳理了中国 CCUS 技术现状，提出了政策建议与发展路径。《第三次气候变化国家评估报告》《中国二氧化碳利用技术评估报告》从技术角度阐述了 CO_2 利用技术的成熟度、减排潜力和发展趋势。此外，《烟气二氧化碳捕集纯化工程设计标准》《关于促进应对气候变化投融资的指导意见》等政策文件的发布也标志着中国在 CCUS 技术标准及融资工作上取得了一定进展。

④"十四五"阶段。深入推进（2021—2025 年）。"十四五"时期，随着中国提出"双碳"目标，相关"1＋N"政策制定出台力度得到强化和体系化，不仅首次将 CCUS 相关扶持政策落到实处，更在战略层面强调了 CCUS 示范工程的重要性，进一步突出"全流程""规模化"等要求，预示着中国 CCUS 将进入大规模工业示范发展阶段。2021 年，中国"十四五"规划首次在五年总规划中提及碳捕集、利用和封存。《中华人民共和国国民经济和社会发展第

十四个五年规划和 2035 年远景目标纲要》明确将 CCUS 技术作为重大示范项目进行引导支持。

在这一背景下，中国石化正式启动建成了国内首个百万吨级 CCUS 一体化项目——齐鲁石化胜利油田 CCUS 项目，也是国内最大的 CCUS 全产业链示范工程。在项目资本支持上，2021 年 4 月出台的《绿色债券支持项目目录（2021 年版）》首次将 CCUS 纳入其中，有效拓展了投融资渠道。

2021 年 6 月，国家发改委发布《关于请报送二氧化碳捕集利用与封存（CCUS）项目有关情况的通知》，开始对国内的各类 CCUS 已建成及在建项目进行系统性盘查，并建立项目信息管理制度，这将对后续"双碳"目标驱动下 CCUS 发展的科学决策形成有效支撑。

2021 年 11 月，中国人民银行推出了碳减排支持工具，是中国首个在贷款利率方面对 CCUS 项目进行支持的实质性政策。所谓碳减排支持工具，就是央行创设推出的结构性货币政策工具，它的主要功能是，向符合一定条件的金融机构定向提供低成本资金（利率 1.75%），并要求金融机构为节能环保的重点项目提供优惠利率的金融支持。截至 2022 年 6 月，国内银行通过碳减排支持工具已累计为各类项目发放了超 3000 亿元的贷款。尽管其中的绝大部分项目为新能源以及储能项目贷款，但这也从侧面说明了碳减排支持工具已经通过实战检验，CCUS 项目在未来通过贷款解决部分初期投入的难度有望大大降低。

表 2-10 列举了我国 2006 年以来针对 CCUS 行业的关键政策。

表 2-10　中国 CCUS 行业关键政策

发布时间	发布单位或国家	政策名称	主要内容
2006 年 2 月	国务院	《国家中长期科学和技术发展规划纲要（2006—2020 年）》	将 CCUS 列为前沿技术之一
2007 年 6 月	科技部、国家发改委等十四个部委	《中国应对气候变化科技专项行动》	将 CCUS 列为重点支持、集中攻关和示范的重点技术
2014 年 9 月	国务院	《国家应对气候变化规划（2014—2020 年）》	在火电、化工、水泥等行业中实施碳捕集试验示范项目，在地质条件适合的地区开展封存试验项目，实施 CO_2 捕集、驱油、封存一体化示范工程，积极探索 CO_2 资源化利用的途径、技术和方法

发布时间	发布单位或国家	政策名称	主要内容
2016 年 6 月	环境保护部（现生态环境部）	《二氧化碳捕集、利用与封存环境风险评估指南（试行）》	为 CCUS 技术发展提供了技术法规，以评估 CCUS 相关的风险
2016 年 7 月	国务院	《"十三五"国家科技创新规划》	重点加强燃煤 CO_2 捕集利用封存的研发，开展燃烧后 CO_2 捕集并实现每年百万吨的规模化示范
2016 年 10 月	国务院	《"十三五"控制温室气体排放工作方案》	提出在煤基行业和油气开采行业开展碳捕集、利用和封存的规模化产业示范。推进工业领域碳捕集、利用和封存试点示范，并做好环境风险评价
2018 年 9 月	住房和城乡建设部	《烟气二氧化碳捕集纯化工程设计标准》	为 CCUS 工程项目建设提供了相关标准
2019 年 5 月	科学技术部（简称科技部）	《中国碳捕集利用与封存技术发展路线图（2019 版）》	调整 CCUS 技术的发展目标和研发部署
2019 年 10 月	国家发改委	《产业结构调整指导目录发布（2019 年本）》	CCUS 位列第 17 条，是国家鼓励类产业
2020 年 10 月	生态环境部、国家发改委等五部门	《关于促进应对气候变化投融资的指导意见》	明确提出气候投融资要支持开展 CCUS 试点示范
2021 年 1 月	生态环境部	《关于统筹和加强应对气候变化与生态环境保护相关工作的指导意见》	指出要有序推动规模化、全链条 CCUS 示范工程建设
2021 年 2 月	国务院	《国务院关于加快建立健全绿色低碳循环发展经济体系的指导意见》	提出推动能源体系绿色低碳转型，开展 CCUS 试验示范
2021 年 3 月	全国人大	《中华人民共和国国民经济和社会发展第十四个五年规划和 2035 年远景目标纲要》	明确提出要开展 CCUS 重大项目示范，CCUS 技术首次被纳入了国家五年规划重要文件
2021 年 4 月	中国、美国	《中美应对气候危机联合声明》	指出开展工业和电力领域脱碳的政策、措施与技术，包括 CCUS
2021 年 5 月	生态环境部	《关于加强高耗能、高排放建设项目生态环境源头防控的指导意见》	提出将碳排放影响评价纳入环境影响评价体系，并鼓励有条件的地区、企业探索实施 CCUS 工程试点、示范

发布时间	发布单位或国家	政策名称	主要内容
2021 年 5 月	生态环境部等八部门	《加强自由贸易试验区生态环境保护推动高质量发展的指导意见》	提出推动能源清洁低碳利用,探索开展规模化、全链条 CCUS 试验示范工程建设
2021 年 10 月	中共中央、国务院	《关于完整准确全面贯彻新发展理念做好碳达峰碳中和工作的意见》	提出推进规模化碳捕集利用与封存技术研发、示范和产业化应用
2021 年 11 月	中国人民银行	碳减排支持工具	引导金融机构向碳减排重点领域内相关企业发放符合条件的碳减排贷款
2021 年 12 月	国务院国资委	《关于推进中央企业高质量发展做好碳达峰碳中和工作的指导意见》	推动建设低成本、全流程、集成化、规模化的 CO_2 捕集利用与封存示范项目
2022 年 1 月	国家发改委、国家能源局	《国家发展改革委　国家能源局关于完善能源绿色低碳转型体制机制和政策措施的意见》	提出完善火电领域 CO_2 捕集利用与封存技术研发和试验示范项目支持政策,加强 CO_2 捕集利用与封存技术推广示范,扩大 CO_2 驱油技术应用,探索利用油气开采形成地下空间封存 CO_2
2022 年 3 月	国家发改委、国家能源局	《"十四五"现代能源体系规划》	明确提出要瞄准包括 CCUS 在内的多项前沿领域
2022 年 6 月	科技部、国家发改委、工信部等九部门	《科技支撑碳达峰碳中和实施方案(2022—2030 年)》	提出以 CO_2 捕集和利用技术为重点,开展 CCUS 与工业过程的全流程深度耦合技术研发及示范,加强 CCUS 与清洁能源融合的工程技术研发,开展矿化封存、陆上和海洋地质封存技术研究
2023 年 6 月	国家发改委、工业和信息化部等六部门	《国家发展改革委等部门关于推动现代煤化工产业健康发展的通知》	在资源禀赋和产业基础较好的地区,推动现代煤化工与可再生能源、绿氢、CO_2 捕集利用与封存(CCUS)等耦合创新发展
2023 年 8 月	国家发改委、科技部等	《绿色低碳先进技术示范工程实施方案》	全流程规模化 CCUS 示范项目。以石化、煤化工、煤电、钢铁、有色、建材、石油开采等行业为重点,选择产业集聚度高、地质条件较好的地方,建设若干全流程规模化 CCUS 示范项目

续表

发布时间	发布单位或国家	政策名称	主要内容
2023 年 10 月	国家发改委等四部门	《国家发展改革委等部门关于促进炼油行业绿色创新高质量发展的指导意见》	绿氢炼化、CO_2 捕集利用与封存（CCUS）等技术完成工业化、规模化示范验证，建设一批可借鉴、可复制的绿色低碳标杆企业，支撑 2030 年前全国碳排放达峰
2024 年 3 月	国家发改委	《节能降碳中央预算内投资专项管理办法》	支持规模化碳捕集利用与封存项目建设

（2）中国现有 CCUS 政策的不足与挑战

中国现有 CCUS 政策不足体现为不平衡的供给型政策（指支持技术本身的政策，如促进 CCUS 研究与开发）、不充分的环境型政策（指为技术开发和商业化提供有利环境的政策，如制定相关立法和标准，提供税收优惠）和不存在的需求型政策（包括政府采购等有利于形成稳定的技术市场的政策）[29]，急需在未来得到进一步的发展。

在供给型政策方面，目前的政策框架强调供给型政策，但存在明显的不平衡。首先，侧重于技术研发的政策条款远远多于侧重于其他政策目标的政策条款。虽然技术研发是现阶段关注的重点，但平台建设、风险和潜力评估等其他方面才是重中之重，供给型政策的过于落后将不利于 CCUS 技术的发展。其次，在具体的技术环节上，对如 CO_2 运输、海上封存和技术集成等薄弱技术关注不够。CO_2 运输和技术集成是 CCUS 集群和枢纽发展的关键技术，海上封存在 CCUS 技术组合中也至关重要，因为中国东南部几乎没有合适的排放源储存地点。最后，在涉及的行业方面，钢铁、水泥等行业没有得到足够的政策重视。2022 年工信部发布了三份文件，以促进钢铁、水泥和化工行业的技术研发，这种情况正在逐渐得到改善。

在环境型政策方面，与供给型政策相比，现行政策体系在环境型政策方面存在较大的滞后。除了环境型政策条款数量有限外，还表现为针对性和可操作性不足，特别是立法、标准和激励措施不足。在立法和标准方面，政策规定大多是具体的技术环节，而对涉及的行业却不明确。由于 CCUS 项目的全过程涉及多个技术环节和多个行业，利益相关者之间的合作需要一个清晰而全面的立法和标准体系，如在役电厂改造技术标准、管道设计和安全标准、CCUS 项目审批机制、地下封存 CO_2 的保护和风险控制规定等。这些都没有纳入现有的政策标准。针对现阶段 CCUS 技术的高成本问题，资金激励至关重要。相关政策规定不关注成本差异且几乎没有提及具体的技术环节或行业。《中国碳捕集利用与封存技术发展路线图（2019 版）》中只有一条建议将 CCUS 利用技术作为可再生能源给予同等的资金支持。CO_2 捕集是整个技术链中最昂贵的环节，目前还没有具体的政策建议为捕集提供资金支持。综上所述，CCUS 技术在中国尚未形成有效的激励机制。

在需求型政策方面，目前中国还没有相关的政策出台。一方面，供给型政策对 CCUS 技术的支持是必不可少的，特别是在技术成熟度有限的情况下。另一方面，目前 CCUS 的大部分技术已经得到了论证，有的已经达到了商业应用的水平。然而，由于建设和运营成本较高，且缺乏碳排放标准，即使在碳中和的背景下，对现有 CO_2 排放源进行碳捕集改造的需求也不大。因此，需要更多的需求型政策来推动 CCUS 技术的应用和项目化的进展。

煤电CCUS技术及区域适应性要求

　　基于全球和中国 CCUS 项目的现状，本章将以中国在电力和化工等领域的多个 CCUS 示范项目为例，深入探讨煤电 CCUS 的主要技术路径，重点归纳关键技术特征与发展趋势，以此为基础探讨技术适用的典型区域条件和发展中存在的困难，并以能源金三角地区的区位条件作为重点案例，为未来 CCUS 技术在更大范围内的推广和应用提供重要参考。

3.1　煤电 CCUS 技术类别及进展

3.1.1　煤电 CCUS 关键技术归纳

(1) 煤电 CCUS 整体技术流程

　　如图 3-1 所示，碳捕集利用与封存是指将 CO_2 从工业过程、能源利用等排放源或大气中捕集分离，并输送到适宜的场地加以利用或封存，最终实现 CO_2 减排的过程。简而言之，CCUS 是一种直接有效的"碳吸收"技术。

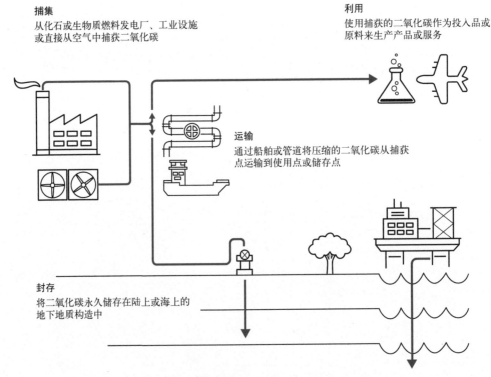

捕集
从化石或生物质燃料发电厂、工业设施或直接从空气中捕获二氧化碳

利用
使用捕获的二氧化碳作为投入品或原料来生产产品或服务

运输
通过船舶或管道将压缩的二氧化碳从捕获点运输到使用点或储存点

封存
将二氧化碳永久储存在陆上或海上的地下地质构造中

图 3-1　碳捕集、输送、利用与封存环节示意图

CCUS 包括捕集、输送、利用及封存等多个环节。按不同环节的组合关系，CCUS 产业模式可以分为多种，包括 CCS（碳捕集与封存）、CCU（碳捕集与利用）、CCUS（碳捕集、利用与封存）、CTS（碳捕集、运输与封存）、CTUS（碳捕集、运输、封存与利用）[30]。

　　根据碳捕集源、碳去向、减碳效应等方面的差异，CCUS 可以分为碳捕集与封存（CCS）、碳捕集与利用（CCU）（以上两种也称为传统 CCUS），以及生物质能碳捕集与封存（BECCS）和直接空气捕集（DAC）。从减碳效应的区别来看，CCU 是减碳技术，CCS 是零碳技术，而 BECCS 和 DAC 则是负碳技术。具体而言，CCU 利用捕集的 CO_2 作为原料合成具有经济价值的产品，可实现化石原料替代脱碳，从而减少碳排放；CCS 将捕集的 CO_2 返回到地层内且保持长期封存，是实现近零排放或零排放的关键过程；BECCS 和 DAC 分别从生物质能源转换过程和大气中直接捕集 CO_2，通过永久封存实现负排放（图 3-2）。

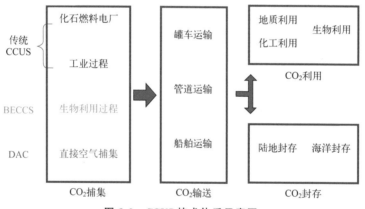

图 3-2　CCUS 技术体系示意图

　　CCUS 按技术流程可以分为四个环节，即捕集、输送、利用与封存（图 3-3）[31]。"捕集"是指将 CO_2 从工业、能源活动或大气中分离出来的过程，主要分为燃烧前捕集、燃烧后捕集、富氧燃烧和化学链捕集。"输送"是指将捕集的 CO_2 运送到利用或封存场地的过程，可分为罐车运输、船舶运输和管道运输。"利用"是指通过工程技术手段将捕集的 CO_2 资源化利用，可分为地质利用、化工利用和生物利用等，其中，在油田实践中用 CO_2 强化石油开采是目前最主要的利用手段。"封存"是指将捕集的 CO_2 注入深部地质储层，实现 CO_2 与大气长期隔绝的过程。

　　煤电 CCUS 技术流程如图 3-4 所示，包含烟气 CO_2 捕集、输送、利用、封存等多个技术环节。目前已在技术研发和工程应用实践探索的诸多领域取得

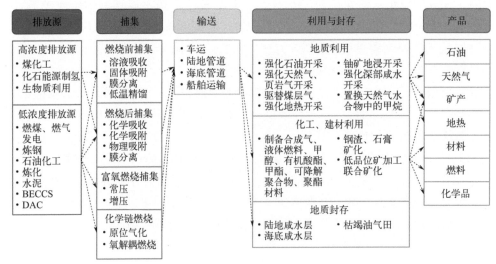

图 3-3 CCUS 技术链各环节分类

积极进展，有望在近期实现商业化规模部署。CO_2 高效地质封存技术与高效驱油驱气技术、地质封存安全性评估与监测预警技术等已初步具备了商业化部署的条件[32]。我国燃煤电厂 CCUS 起步较晚，加之 CO_2 封存地质条件相对复杂，其技术研发与示范工程相对滞后。截至目前，国内已开展（含在建）的 12 项燃煤电厂 CCUS 示范项目中，纯捕集示范项目占 10 项，而燃煤电厂 CCUS 全流程示范项目仅 2 项。以降低成本和大规模为重点，加快燃煤电厂 CCUS 自主创新技术研发，实施大规模"燃煤电厂＋CCUS"全流程示范项目成为当务之急[33]。

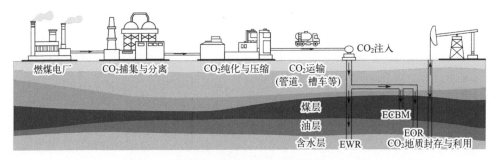

图 3-4 煤电 CCUS 技术流程

EWR—CO_2 强化咸水开采；ECBM—提高煤层气采收率；EOR—CO_2 强化石油开采

（2）碳捕集技术

根据碳捕集与燃烧过程的先后顺序，可将碳捕集技术分为燃烧前捕集、富氧燃烧和燃烧后捕集等，使用哪种技术与碳排放源高度相关（图 3-5）。

燃烧前捕集指利用煤气化和重整反应，在燃烧前将燃料中的含碳组分分离并转化为以 H_2、CO 和 CO_2 为主的水煤气，然后利用相应的分离技术将 CO_2 从中分离，剩余 H_2 等可作为清洁燃料使用。燃烧前捕集技术主要应用于带煤（石油、天然气）气化过程，例如 IGCC 与煤化工过程（煤制油、煤制气、煤制烯烃、合成氨）。燃烧前捕集技术所需处理气体压力高［合成气压力范围 10～80bar（1bar＝0.1MPa）］、CO_2 浓度高（体积分数 20％～50％），杂质少。相关设备投资费用、运行费用和能耗相对燃烧后的化学吸收成本较低。

燃烧后捕集指直接从燃烧后烟气中分离 CO_2，相应碳排放源通常是火电厂和其他工业燃烧过程的尾部烟气。这种捕集技术相对简单、技术成熟度较高，具有较高的灵活性，燃烧后烟气混合气体压力一般为常压，CO_2 浓度范围 5％～30％，分压较低。技术类别按照分离过程可分为化学吸收法、物理吸收法、吸附法和膜分离法。

富氧燃烧则是指通过分离空气制取纯氧，以纯氧（而非空气）作为氧化剂进入燃烧系统，同时辅以烟气循环的燃烧技术，使废气中 CO_2 浓度增加，可视为燃烧中捕集技术。

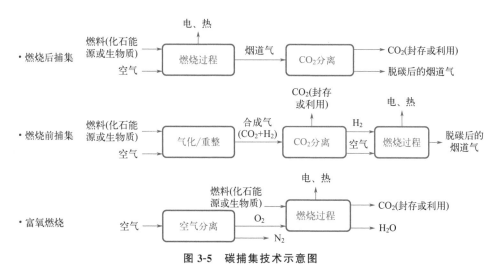

图 3-5　碳捕集技术示意图

（3）碳输送技术

CO_2 输送是指将捕集的 CO_2 运送到利用或封存地的过程，是捕集和封存、利用阶段间的必要连接。根据输送方式的不同，主要分为管道、船舶、罐车输送三种。其中罐车输送包括汽车输送和铁路输送两种方式。

（4）碳利用技术-地质利用与封存技术

CO_2 的地质利用与封存技术是指将 CO_2 注入条件适宜的地层，利用其驱替、置换、传热或化学反应等作用生产具有商业价值的产品，同时使其与大气长期隔绝。其中，地质利用包含 CO_2 强化石油开采（CO_2-EOR）、CO_2 驱替煤层气技术（CO_2-ECBM）、CO_2 强化天然气开采（CO_2-EGR）等。其中，CO_2 强化石油开采技术是将 CO_2 注入油藏，利用其与石油的物理化学作用，以实现石油增产并封存 CO_2 的工业工程；CO_2 驱替煤层气技术是将 CO_2 或者含 CO_2 的混合气体注入深部不可开采煤层中，以实现 CO_2 长期封存同时强化煤层气开采的过程；CO_2 强化天然气开采技术是将 CO_2 注入即将枯竭的天然气气藏底部，将因自然衰竭而无法开采的残存天然气驱替出来从而提高采收率，同时将 CO_2 封存于气藏地质结构中实现 CO_2 减排的过程。

按照封存地质体及地理特点，碳封存技术还可分为陆上咸水层封存、海底咸水层封存、枯竭油气田封存等技术。其中，陆上咸水层封存、海底咸水层封存均是利用海水中和咸水层中丰富的钙、镁等离子和 CO_2 生成固态物质而实现封存。

（5）负排放技术

负排放技术（NET）试图通过技术手段将已经排放到大气中的 CO_2 从大气中移除并将其重新带回地质储层和陆地生态系统。根据作用机理不同，负排放技术主要有土地利用和管理、直接空气捕集（direct air capture，DAC）、生物质能碳捕集与封存（bio-energy with carbon capture and storage，BECCS）和碳矿化四类。其中，土地利用和管理类技术包括陆地碳去除与封存和沿海生态系统的"蓝碳"。陆地碳去除与封存是指通过植树造林/再造林、森林管理或提高土壤碳储存量的农业做法实现碳封存，即"农业土壤"法；沿海蓝碳是指增加红树林、海草床和其他潮汐或咸水湿地活植物或沉积物中储存的碳。直接空气捕集（DAC）指直接从空气中捕集 CO_2 并将其浓缩和注入储存库。生物质能碳捕集与封存（BECCS）则是通过捕集和封存生物质利用过程排放的 CO_2 实现负排放，是指利用植物生物质生产电能、液体燃料和/或热能，并对生物能源和不在液体燃料中的剩余生物质碳利用后所产生的 CO_2 进行捕集和封存。碳矿化即加速风化，使大气中的 CO_2 与活性矿物（特别是地幔橄榄岩、玄武岩熔岩和其他活性岩石）形成化学键，通过矿化实现碳的长期封存。此外，无论是 BECCS 还是 DAC，实现负排放都离不开地质利用封存技术的支持。

3.1.2　煤电 CCUS 技术成熟度探讨

CCUS 技术是煤基能源产业绿色低碳发展的重要选择，一方面，CCUS 技术为煤基能源产业避免"碳锁定"制约提供了重要的技术保障，一定程度上避免由减排而造成的化石能源资产贬值。另一方面，CCUS 技术与煤电、煤化工等传统煤基能源产业具有巨大的耦合潜力和应用空间。目前中国 CO_2 捕集主要集中在煤化工行业，其次为煤电行业等[34]。从捕集份额、难度、成本等各维度来看，煤基能源都是 CCUS 技术最主要的应用领域。适合碳捕集的大规模集中煤基排放源为数众多、分布广泛、类型多样，完备的煤基能源产业链也为 CO_2 利用技术发展提供了多种选择。

（1）碳捕集技术

中国当前应用最多的燃烧后脱碳技术为化学溶剂胺吸收法，目前国内尚未装备有全容量燃烧后 CO_2 捕集装置的电厂，但是已经有多个电厂建成具有一定规模的 CO_2 捕集工业型示范装置，捕集后的 CO_2 多被用于食品、饮料及其他工业，如华能北京热电厂 CCS 示范项目，其脱碳工艺流程主要由烟气预处理系统、填料吸收塔、填料再生塔、排气洗涤系统、溶液系统、产品气处理系统（包括冷凝、气液分离、压缩）、循环水冷却系统、辅助蒸汽系统，以及水平衡维持系统等组成。烟气中的 CO_2 在吸收塔与复合胺反应，生成氨基甲酸盐，并被输送至再生塔，加热分解还原为复合胺和 CO_2，复合胺溶液返回吸收塔进行再次吸附，而 CO_2 气体则经加压、除杂、提纯、液化等工序，提纯至纯度大于 99.9% 的食品级 CO_2。

燃烧后捕集系统相对于其他两种碳捕集方式来说，具有工艺成熟稳定、适用于新建及已有电厂改造等优势。在所有碳捕集技术中，燃烧后捕集技术应用于现役机组改造时对运行机组的改造量最小，这也是目前国内火电厂主要采用后脱碳方式进行 CO_2 捕集的原因之一。但另一方面，由于烟气体积大、排放压力低、CO_2 的分压小等，在燃烧前脱碳、燃烧后脱碳和富氧燃烧几种主要的碳捕集技术中，燃烧后脱碳技术脱碳能耗、投资和运行成本都是最高的。由于对燃烧以后的烟气进行 CO_2 捕集，燃烧后捕集技术几乎可以用于任何燃煤电厂的改造和新电厂的建设之中，因此，燃烧后捕集技术将会是未来应用范围最为广泛的碳捕集技术。

（2）碳输送技术

目前，我国的 CO_2 陆地车载输送和内陆船舶输送技术已成熟，可达到商业化应用阶段，主要应用于规模 10 万吨/年以下的 CO_2 输送。陆地管道输送尚处于中试阶段，现阶段已完成 100 万吨/年输送能力管道的初步设计。由于海底管道输送成本高，且海上封存场地较少，该技术尚处于研究阶段（表 3-1）。

表 3-1　CO_2 输送方式比较[35,36]

输送方式		输送规模/(万吨/年)	优点	缺点	技术成熟度
管道输送	陆地	>100	①连续性强，安全性高；②输送量大，运行成本低；③多为地下管道，节约土地资源，不受天气影响；④CO_2 泄漏量极少，对环境污染小	①灵活性差，只适用于固定地点之间的输送；②管道不易扩展，有时需船舶和槽车协助；③初始投资大；④输送前必须净化 CO_2，以免杂质造成管道损坏；⑤过程中需要控制压力和温度，防止因相变致输送瘫痪	中试阶段
	海上	—			研究阶段
罐车输送	公路	<10	①输送灵活，不受输送地点限制；②不需要前期大量投入；③适应性强，方便可靠；④输送网络比较发达，机动性强；⑤各个环节之间的衔接灵活，可动态调整	①单次输送量少，单位输送成本高；②连续性差，对规模大小不敏感，不适用于 CCUS 等大规模的工业系统；③远距离输送安全性差，对汽车输送安全要求高；④CO_2 泄漏量较大，存在环境污染；⑤易受不利天气和交通状况影响而中断；⑥低温液态 CO_2 增加捕集与压缩能耗与成本	商业应用
	铁路	10～100	①比公路输送距离长，通行能力大，成本相对较低；②捕集点和利用点靠近铁路时，可利用现有设施降低成本	①输送不连续，输送成本比管道运输高；②受现存铁路设施影响，地域限制大，需要罐车和船舶运输作为辅助；③必要时需要铺设专用铁路，增加输送成本；④沿线需要装卸、临时存储设备，增加输送费用；⑤低温液态 CO_2 增加捕集与压缩能耗与成本	商业应用

续表

输送方式	输送规模/(万吨/年)	优点	缺点	技术成熟度
内陆船舶输送	<10	①输送灵活便捷; ②适用于河网密集和近海 CO_2 捕集中心的初步开发; ③中小规模与远距离的 CO_2 运输成本低; ④是离岸封存的重要选择	①间歇性输送,连续性差; ②受地理限制,仅适用于内河与海洋输送; ③装载卸载与临时存储等中间环节多,导致交付成本增加; ④大规模近距离输送时,船舶输送经济性较差; ⑤要求低温液化甚至固态化输送; ⑥低温液态 CO_2 增加捕集与压缩能耗和成本	商业应用

(3) 碳利用技术与封存技术

从理论上讲,碳封存还是碳利用与碳源及捕集方式无关,然而从不同封存及利用方式的要求来看,相比于碳封存,碳利用对 CO_2 的纯度要求更高,其中物理利用(特别是食品级 CO_2)对 CO_2 纯度具有极高要求。因此,碳封存与碳利用方式的选择还需要考虑提纯所需的技术、设施成本与额外能耗。

对于具有不同 CO_2 体积分数的工业碳源,通过捕集工艺和去除技术(利用或封存)的科学匹配选择,形成一体化的捕集-利用-封存协同减排技术模式,是实现 CO_2 捕集、利用、封存效果最大化和保障 CCUS 高效实施的必然要求;同时也有利于减少 CCUS 系统成本,降低 CCUS 实施风险(表 3-2)。

表 3-2　CO_2 利用方式及技术特点[37]

利用方式	应用场景	特征	技术特点
物理利用	主要用于食品工业,如生产碳酸饮料、奶制品和食品保鲜等	可以进行规模化和标准化应用,用量稳定	食品级 CO_2 纯度要求较高
化学利用	通过化学反应将 CO_2 转化为工业产品、燃料或塑料	利用 CO_2 生产高附加值产品,具有科技含量	提纯 CO_2 需一定成本,市场有限,技术不成熟

利用方式	应用场景	特征	技术特点
生物利用	强化具有光合能力的生物吸收 CO_2 并将其转变成初级生产力	产品附加值较高,经济效益较好	市场有限,且生产成本较高,技术不成熟

(4) 负排放技术

负排放技术与减排等量的 CO_2 一样,都能起到降低大气中 CO_2 浓度的效果。与 CCS/CCUS 技术不同的是,负排放技术直接将 CO_2 从大气层中隔离出来,移除已经排放到空气中的 CO_2,将其储存,或增强天然碳汇;而从大型燃煤电厂等 CO_2 排放源捕集、封存与利用 CO_2(CCS/CCUS)只能减少 CO_2 流量。此外,负排放技术中的 BECCS 依靠生物能源。生物质燃烧过程释放出的 CO_2 被捕集并永久隔离,从而将 CO_2 排放从碳循环中去除。所以,BECCS 与 CCS/CCUS 都是从排放源移除 CO_2,BECCS 也需要用到能源端的 CCS 技术,不同的是 BECCS 所用的燃料是生物燃料,由于生物燃料生长过程作为碳汇而消耗过程排放的 CO_2 被捕集和封存,所以整个生命周期可达到负排放的效果。

由于技术不成熟,负排放技术在技术和投资方面都存在很大不确定性。目前,全球范围内有近十种理论可行的负排放技术,其中只有生物质能碳捕集与封存、土地固碳和植树造林有大规模推广的技术实力,其他技术还处于小规模项目试验的阶段,成本居高不下。相比于近年来成本不断下降、与化石燃料正面竞争的可再生能源,负排放技术的大规模商业化之路还很漫长。

作为一项有望实现化石能源大规模低碳利用的新兴技术,CCUS 技术可能成为未来中国燃煤电厂减少 CO_2 排放和保障能源安全的重要战略技术选择。煤基能源产业与 CCUS 技术融合发展是基于特定国情实现我国大规模煤基能源低碳转型的可行路径。中国重点建设的大型煤炭能源基地大多位于西北部,煤炭开发利用向西部集中的趋势明显。大型和集中化的煤炭能源基地的西移有利于 CCUS 区域管网布局建设,有利于 CCUS 发挥规模效应和集聚效应。例如,我国燃煤电厂在技术可行性、成本经济性、区位适宜性等多维度具备进行 CCUS 技术改造的潜力。火电行业是当前中国 CCUS 示范的重点,预计到 2025 年,煤电 CCUS 减排量将达到 600 万吨/年,2040 年达到峰值,为 2亿~5亿吨/年,随后基本保持不变。此外,CCUS 技术还有利于中国煤基能源体系实现集中化、规模化的发展,进而保障煤炭资源低碳、高效地合理开发利用。

碳达峰碳中和目标倒逼煤炭行业改变过去几十年"引进-消化-吸收-再创新"的延续式创新路径模式，煤炭行业将由此迎来颠覆性创新的机遇。但是，CCUS 技术尚未完全成熟，当前仍缺乏大规模应用的经济可能性。我国 CCUS 全流程各类技术路线整体仍处于研发和试验阶段，并且项目及范围较小。在"技术为王"的低碳新时代，煤炭行业能否成功转型取决于低碳科技的发展，取决于其能否支撑煤炭利用实现全过程绿色、清洁与低碳。为此，必须要集聚优势创新资源，加大力度主攻煤炭安全智能生产、清洁低碳高效利用等低碳转型关键技术与装备，早日成为高精尖技术产业。未来需要将 CCUS 纳入国家重大低碳技术范畴，设立 CCUS 技术专项扶持资金，形成政产学研各界对发展 CCUS 技术的统一愿景。主动探索 CCUS 项目在煤基能源产业发展商业模式，通过有力、持续的政策支持推动 CCUS 规模化部署，探索煤基能源产业低碳发展道路。

3.2 煤电 CCUS 区域适应性要求

中国从以化石能源为主体的能源结构向低碳多元供能体系的转变依赖于 CCUS 技术的广泛应用。CCUS 技术的广泛应用，不仅有利于中国煤基能源体系实现西部化、集中化、规模化的发展，进而保障煤炭资源低碳、高效地合理开发利用，而且有利于保障可再生能源大规模接入电网后的电力稳定持续供应。同时，煤电的高浓度 CO_2 排放源具有低成本捕集的潜力，对推进中国 CCUS 技术发展进程、加快技术学习曲线以及培育 CCUS 产业链具有重要意义。从捕集份额、难度、成本等各维度来看，煤电领域是 CCUS 技术最主要的应用领域[38]。综合来看，CCUS 技术与煤基能源体系呈现出相互契合、协同互补的耦合发展态势。

3.2.1 煤电 CCUS 技术属性与区域必要条件

如何将全国碳减排目标分摊到各地、明确区域减排责任，是保障"双碳"目标实现的关键因素之一。"双碳"目标的实现绝非易事，需要各地区协同推进，但目前我国地区发展仍然不平衡，各地区的经济发展水平、产业结构、资源禀赋差异较大。在全国统一碳交易市场的启动初期，如何根据地区发展情况进行异质化的安排，制定既符合地区发展实际又满足总体减排目标的碳排放权分配方案和地区减排约束，使各地区经济发展稳步向绿色、低碳、经济过渡,对于兼顾"双碳"目标和地区协调、协同发展具有重要的现实意义。

煤电CCUS技术可以放松总的减排约束,同时由于各地区煤电CCUS技术发展基础条件存在差异,考虑煤电CCUS后的减排目标分配必然会对省际减排任务分配产生影响。对于那些化石燃料资源富集的地区,它们拥有建设煤电CCUS成本优势和产业基础,更有动机去建设煤电CCUS项目去保障化石燃料的合理开采和利用,因此可能会被分配更多的减排责任;对于经济较为发达的地区,由于经济基础好、历史排放高、人口规模多等需要承担更高的减排责任,然而这些地区可能没有投资煤电CCUS所必需的二氧化碳捕集、储存等基础条件,因此减排责任可能有所减轻。

煤电CCUS技术的特性、产业发展的需要导致不同地区的适应性不同,这种不同的适应性又导致如果要发展煤电CCUS,就必须得先关注典型地区。表3-3为2021年全国煤电装机分布图,能够在一定程度上反映煤电行业碳源。从分布情况来看,我国煤电装机主要集中于东部沿海发达地区,在内蒙古、新疆等中西部地区也有分布。根据碳源分布情况可以判断,中西部煤电厂可能实现较高水平源汇匹配,而煤电广泛分布的东部,特别是东南部地区的碳源则很难匹配到合适的碳封存场所[39]。

表 3-3　2021 年全国煤电装机容量

地区	2021 年煤电装机容量/MW
北京	1000~2000
天津	1000~2000
河北	5000~10000
山西	5000~10000
内蒙古	5000~10000
辽宁	2000~5000
吉林	1000~2000
黑龙江	2000~5000
上海	2000~5000
江苏	>10000
浙江	5000~10000
安徽	5000~10000
福建	2000~5000

地区	2021 年煤电装机容量/MW
江西	2000～5000
山东	>10000
河南	5000～10000
湖北	2000～5000
湖南	2000～5000
广东	5000～10000
广西	2000～5000
海南	<1000
重庆	1000～2000
四川	1000～2000
贵州	2000～5000
云南	1000～2000
西藏	<1000
陕西	2000～5000
甘肃	2000～5000
青海	<1000
宁夏	2000～5000
新疆	5000～10000

蔡博峰等[40]利用中国高空间分辨率排放网格数据（CHRED）对 2020 年中国现役煤电厂分布进行描述，并对煤电行业源汇匹配情况进行分析。中国现役煤电厂分布在 798 个 50km 网格内，覆盖了中国中东部、华南大部及东北和西北的局部地区。从源汇匹配情况来看，只有部分煤电企业分布于吐鲁番-哈密盆地、鄂尔多斯盆地、准噶尔盆地、松辽盆地、柴达木盆地等具有中、高封存适宜性的区域，而大量位于华中、东部沿海一带和南部内陆省份的煤电企业仅有中、低适宜性封存场地或不存在匹配的封存场地。从区域集群发展的角度来说，在 50km 运输范围内，我国煤电源汇匹配情况不佳。

整体而言，准噶尔盆地、吐鲁番-哈密盆地、鄂尔多斯盆地、松辽盆地和渤海湾盆地被认为是煤电行业部署 CCUS 技术（包括 CO_2-EOR）的重点区域，适宜优先开展 CCUS 早期集成示范项目，推动 CCUS 技术大规模、商业化发展。

在资源条件方面，典型地区应具备适宜的地质条件，如地下储存层的特性和可利用性等，以确保 CCUS 技术的有效实施和长期稳定运行。火电＋CCUS 是当前中国 CCUS 示范的重点，燃煤电厂加装 CCUS 可以捕获 90％的碳排放量，使其变为一种相对低碳的发电技术，是碳中和目标下保持电力系统灵活性的主要技术手段。CCUS 技术的部署有助于充分利用现有的煤电机组，适当保留煤电产能，避免一部分煤电资产提前退役而导致资源浪费。

在产业结构方面，典型地区的产业结构应与煤电 CCUS 技术的应用场景相适应，以促进技术的产业化和规模化发展，具备相关产业基础的地区更容易实现技术的推广和应用。我国不同地区的资源禀赋、用能结构、产业结构、经济社会发展水平存在巨大差异，应按照全国"一盘棋"的系统观念，在中短期内设置区别化的碳减排目标，不宜过于激进。西北地区化石能源资源丰富，用能结构中煤炭占比较高，高耗能产业较为集中，在实现"双碳"目标的清洁能源转型过程中难度更大。从长期来看，CCUS 是西北地区实现碳中和目标的重要选项。西北地区以煤为主的能源结构特征和 CCUS 源汇匹配程度决定了其具备较好的发展条件，建议选择部分地区试点相关支持政策，促进西北地区低碳转型的同时构建我国 CCUS 关键技术体系，为实现"双碳"目标和经济社会高质量发展提供保障。

在政策环境方面，典型地区应具备良好的政策支持和法律法规环境，鼓励煤电 CCUS 技术的研发和应用，为技术的推广和产业化提供有力保障。市场主体是经济发展的基本载体，是经济活动的主要参与者、就业机会的主要提供者、技术进步的主要推动者，在国家经济发展中发挥着十分重要的作用。市场主体的发展壮大，是我国市场体系培育、完善、成熟的基石，是充分发挥市场在资源配置中的决定性作用和更好发挥政府作用、推动生产力发展、建成社会主义现代化强国的重要微观基础。企业是 CCUS 技术创新创造的主力军，蕴藏在市场主体中并不断积累提升生产、管理、服务、创新和技术能力，是推动CCUS 技术发展的根本力量。

3.2.2 煤电 CCUS 产业化与典型区域优先发展

当前我国在技术层面已具备大规模捕集利用与封存 CO_2 的工程能力，但现有 CCUS 相关政策促进 CCUS 示范的能力有限，缺少鼓励性政策，金融融资渠道困难，限制了煤电 CCUS 技术产业化发展。具体体现在以下四个方面。

3.2.2.1　我国 CCUS 技术产业化发展限制因素

（1）CCUS 战略发展定位不清晰

我国缺少 CCUS 顶层设计和国家层面的发展战略，CCUS 未被纳入国家重大低碳技术范畴，只有少数政策文件提及 CCUS 的发展，但大多数文件侧重于引导和鼓励，对于技术发展路径和中长期发展规划不明晰，也未明确 CCUS 技术的发展重点和关键环节[41]。应制定 CCUS 战略和实施计划，明确 CCUS 在社会主义现代化建设总体布局和"双碳"目标中的战略定位和发展目标，制定支撑社会主义现代化建设和面向碳中和目标的 CCUS 发展路径。

（2）缺乏价格激励或产品补贴机制

我国尚未建立针对 CCUS 的具体财税支持和激励机制，虽已建立碳排放交易体系并启动了碳市场，但目前国家排放交易体系不包括 CCUS 技术，且平均 CO_2 交易价格远低于欧盟，在碳排放价格和碳信用额度方面均难以有效激励 CCUS 项目落地。应将 CCUS 纳入产业和技术发展目录，打通金融融资渠道，为 CCUS 项目优先授信和优惠贷款；发挥绿色金融"服务"和"引导"双重作用，积极推动绿色金融在融资额度、期限、利率方面为 CCUS 提供优惠资金支持，发挥绿色金融在降低 CCUS 技术研发、示范建设、封存利用等方面融资成本的作用。

（3）CCUS 法律法规、标准体系不健全

环境保护法、污染物防治法、环境影响评价法等立法缺失，项目安全和环境风险监管不够，未建立项目审批和许可制度，也未明确项目申请门槛；尚未制定 CCUS 项目发展准入、建设、运营、终止等环节的法律法规，项目建设的可行性研究、施工、运行、调试、验收、评价等各阶段的技术标准还不健全。应在碳中和"1＋N"政策体系框架下，进一步制定 CCUS 行业规范、制度法规，以及科学合理的建设、运营、监管、终止标准体系，明确 CCUS 项目的责任主体和监管、审批主体。建立相关协调机制，克服地区及行业壁垒等问题，保障涉及多领域的全流程示范项目有序开展。

（4）跨区域跨部门跨行业协调机制尚未建立

煤电 CCUS 项目从立项、审批、执行到后期评价，涉及多个地方和多个部门，且 CCUS 包括 CO_2 捕集、利用、封存多个环节，涉及电力、交通运输、石油石化等多个行业，目前在地方、部门和行业间均缺乏针对 CCUS 产业的有效协调机制。CCUS 全链条涉及不同行业和部门，包括国家、地方、企业、石油、煤炭、电力和化工等，相应的监管制度、统筹协调机制和产业化布局指导政策均未出台，尤其是缺乏 CCUS 技术在实现碳减排后的经济激励措施。长期的高成本投入与低补偿、低利润回报，势必会使企业开展大型煤电 CCUS 项目后长期盈亏不平衡，导致企业选择开展小型项目甚至不开展 CCUS 项目，极大地阻碍了 CCUS 技术在我国的推进。

基于上述对 CCUS 产业化方面的分析，煤电 CCUS 大规模部署亟待在政策、法规、财税、金融、标准、监管等一系列方面进行补充完善，以推动 CCUS 技术产业化和商业化的发展。而优先选择典型地区进行煤电 CCUS 技术的发展不仅是被动地应对需求，更是一种积极的策略，是为了满足煤电 CCUS 产业化发展的需要。这种选择对整个煤电 CCUS 技术的长期发展具有多方面的好处。

3.2.2.2　典型地区优先发展对于煤电 CCUS 技术长期发展的积极意义

（1）经济效益提升

典型地区的选择意味着技术的应用场景更为明确和典型，例如，选择那些 CO_2 排放量较大、有潜在碳捕集和封存地点的工业区域或发电厂。这些地区具有明显的 CO_2 排放源和适合封存的地质条件，因而可以更有效地验证技术的可行性和经济性，从而提高投资回报率，推动产业化进程。由于选择的地区具有典型性，投资者和政府能够更准确地评估 CCUS 技术在该地区的应用效果，从而更快地回笼投资资金，有助于形成煤电 CCUS 项目产业化的发展模式，为未来在其他地区推广 CCUS 技术提供经验和参考。

（2）技术累积与优化

典型地区优先发展煤电 CCUS 技术可以积累大量的实践经验和技术数据，为 CCUS 技术的不断优化和改进提供宝贵的经验，推动 CCUS 技术的持续创新和发展。通过实地应用，研究人员和工程师可以了解各种情况下 CCUS 技术的表现，识别潜在问题，并提出改进方案，从而推动 CCUS 技术的持续创新和发展。此外，这也能够促进 CCUS 技术的突破。通过在典型地区的优先发展，可以协调技术从简单到复杂的过程。在早期阶段，可以专注于开发和验证基础技术，随着实践经验的积累和 CCUS 技术的不断优化，逐步推广到更复杂的场景。这种逐步推进的过程有助于确保 CCUS 技术的稳健性和可靠性，同时也可以提高 CCUS 技术在不同地区的适应性。

（3）示范效应与推广应用

典型地区的成功应用将产生强烈的示范效应，为其他地区的技术推广和应用提供有力的参考和借鉴，促进技术的规模化应用和产业链的完善。CCUS 示范项目的成功实施将推动整个产业链的完善和发展，包括原材料供应、技术设备制造、工程建设、运营管理等各个环节。这不仅能够促进煤电 CCUS 产业链的形成和完善，还将带动相关产业的发展，产生经济效益和就业机会。通过开展交流学习和技术合作，可以加速 CCUS 技术的传播和应用，推动更多地区受益于相关技术的应用。

（4）政策支持与产业集聚

典型地区的优先发展有助于政府和企业在政策支持、资金投入、技术研发等方面形成合力，推动煤电 CCUS 产业链的快速发展和形成产业集聚效应，为技术的产业化奠定良好基础。通过在典型区域进行优先发展，政府和企业可以充分利用该地区的资源和基础设施优势，实现 CCUS 成本降低和效率提升。这不仅有助于降低煤电 CCUS 项目实施的风险和成本，还可以提高煤电 CCUS 项目的经济可行性和竞争力。典型区域的优先发展能够促进上下游产业的集聚和合作，形成产业集群效应，推动煤电 CCUS 技术产业链的快速发展和形成。

3.2.3 能源“金三角”地区作为典型区域的区位条件

能源“金三角”地区是以宁夏宁东、内蒙古鄂尔多斯、陕西榆林为核心，地处鄂尔多斯盆地，在地理上构成一个几何三角的地带。能源“金三角”地区能源资源富集，具有丰富的石油、煤炭、天然气资源，是全国最重要的能源资源富集区之一。

国际社会普遍认为能源煤电“金三角”所在的鄂尔多斯盆地是我国最有利且最成熟的 CCUS 设施建设地[42]。此区域为全国能源煤电基地，CO_2 排放源高度集中，年排放量较大，CO_2 运输距离短、成本低，$300km^2$ 范围内是全国规模最大的 CO_2 捕集区域。此外，能源“金三角”地区具有国内最完整的 CCUS 产业链和供应链，80%以上的材料、装备可以实现自主制造，具备最好的 CCUS 实施条件。

（1）能源资源禀赋条件优越

能源“金三角”地区煤炭资源富集，区内埋深 2000m 以浅的煤炭资源 1.41×10^{12} t，占全国煤炭资源总量的 25.5%。已查明煤炭资源 3.514×10^{11} t，占全国查明煤炭资源总量的 18.1%。区内含煤面积达 8.5194×10^4 km^2，占区域总面积的 65% 左右；煤层厚度大，地质构造简单，开采条件好。煤类有不黏煤、弱黏煤、气煤、肥煤、焦煤，特别是侏罗纪低灰、低硫、高发热量的不黏煤、弱黏煤和长焰煤约 3×10^{11} t。该地区的石油天然气资源量也十分丰富，约占全国的 20%，石油主要分布于盆地南部 1×10^5 km^2 的范围内，地质资源量 1.29×10^{10} t，占全国的 14.6%；天然气广泛分布，地质资源量 $1.52 \times$

$10^{13}\,\mathrm{m}^3$，占全国的 29.2%。目前全区已探明石油地质储量约为 $1.5\times10^9\,\mathrm{t}$，天然气地质储量约为 $2.3\times10^{12}\,\mathrm{m}^3$。其他矿产资源也十分丰富，具备很高的开发利用价值。

（2）能源产业发展基础条件良好

能源"金三角"地区是我国能源大型煤化工和煤电基地，在现有煤电和煤化工两种行业的坚实基础上，该地区能够实现产业间的互补和协作，有利于 CCUS 的发展。该地区是国家重点开发区、国家重要的大型煤炭生产基地、"西电东送"火电基地、煤化工产业基地、现代煤化工产业和循环经济示范区。该地区率先建成了世界上首套大型煤直接液化示范工程、煤制烯烃示范工程；在国内率先开展了煤间接液化工业试验，并建成百万吨级煤间接液化工业化装置。

宁东基地集聚能源和资源优势，已经形成了煤制油、煤基烯烃、精细化工三大产业集群，形成了与新材料、新能源、电子材料及专用化学品、节能环保等新兴产业互为补充、协调发展的产业格局。鄂尔多斯市积极发展煤基多联产，形成了"煤电化一体化""煤化电冶一体化"等多联产产业体系，打造出上下一体、纵横连接的煤化工产业集群，逐步形成了全国重要的现代煤化工产业示范区。已形成现代煤化工产能 1750 万吨，其中包括煤制油 262 万吨、煤制甲醇 600 万吨、煤制气 30 万吨、烯烃 260 万吨、二甲醚 35 万吨、稳定轻烃 34 万吨、煤制乙二醇 118 万吨。榆林已构建起以煤油气盐开发为基础，电力、化工为主导的产业体系，建成了国家重要的煤炭基地、煤电基地、氯碱基地、煤化工基地和世界最大的金属镁、兰炭生产基地，形成了较为完善的能源工业体系。

（3）煤电低碳转型压力和挑战巨大

煤炭和电力产业一直是能源"金三角"地区的经济支柱，因而该地区呈现出典型的资源驱动的发展特征。然而，近年来在环保压力增加和能源结构调整等宏观背景下，煤电产业正面临着前所未有的转型压力。宁东、鄂尔多斯、榆林三地在工业发展中，能源产业占据绝对主导地位，都属于典型的资源依赖型经济发展模式。由于三地在产业发展上缺乏上层统筹规划，三地产业各行其是、无序发展。一是煤炭资源特色优势未充分发挥，导致资源的较大浪费；二是伴随同质化的低端无序竞争，煤电产能过剩问题愈加突出。三地的产业结构高度同质，主要都是煤制烯烃、煤制油、煤制二甲醚、煤制化肥、煤制甲醇等产品，成为三地产业健康发展的阻碍。因此，能源"金三角"的产业暴露出能源资源开发粗放、能源外输压力大、煤炭转化无序竞争、产业同质化严重等问题。

伴随着中国"双碳"目标的推进，能源"金三角"地区的传统能化项目将会遇到限制。但是碳减排并不意味着禁止传统工业发展，关键在于怎么发展。"金三角"地区应在淘汰落后产能、腾出排放空间的基础上，谨慎、科学布局。能源"金三角"未来的发展路径在于以煤炭为中心，保证区域社会经济健康发展；以煤化工为拓展主体，延长煤炭产业链与附加值；发展区域多元化能源格局，加快新型能源发展建设[43]。能源"金三角"的新能源发展虽有一定优势和产业基础，但与化石能源相比远不在一个量级，技术储备、产能建设均未跟上。近期工作重点应该是做好融合示范，为远期大规模碳中和做好技术储备。既要稳住化石能源兜底作用，也要大力发展可再生能源，把产业要素尽量向高端方向集中。在经济总量增加的同时，尽量少增或不增碳排放，通过多能融合，尽可能降低能源化工产业的高碳属性。

第 **4** 章

全流程煤电CCUS
技术经济评估

受当前 CCUS 技术应用条件以及技术发展趋势的限制，煤电 CCUS 产业发展的重要途径是推动典型地区的优先发展。但在针对典型地区进行深入研究和应用推广之前，首先需要明确典型区域的分布范围以及从全流程角度考察煤电 CCUS 的关键成本环节。因此，本章将通过全流程技术经济评估，评判煤电 CCUS 项目的关键成本环节。为了保证技术经济评估结果的可靠性，需要构建全流程 CCUS 经济核算模型，以此作为系统性分析各环节成本结构和影响因素的基础。基于该模型进行量化评估，进而呈现出全流程煤电 CCUS 技术经济性特征，识别出煤电 CCUS 产业发展过程中的成本重点。

4.1 全流程煤电 CCUS 经济性核算模型构建

4.1.1 捕集环节

进行 CO_2 捕集装置改造的增量成本主要来自两个部分，投资成本与运营成本。投资成本包括土建、捕集设备和压缩设备投资：

$$C_{\text{cap investment}} = C_{\text{cons}} + C_{\text{comp}} + C_{\text{pump}} \tag{4-1}$$

式中，C_{cons} 为土建和捕集设备投资成本，此处根据单位 CO_2 流率所需要的投资来核算电厂加装 CO_2 捕集设备的成本，$C_{\text{cons}} = \text{CFR} \times \text{ICPU}$ ［（CFR 为 CO_2 流率，kg/h；ICPU 为单位流率所需投资成本，元/(kg·h)］；压缩设备成本包括压缩机成本（C_{comp}）和泵成本（C_{pump}）。在给定装机规模的条件下，可以根据设备全捕集条件下的捕集率估算每年的 CO_2 捕集量 q_{CO_2}，进而计算所需要的压缩机和泵的数量。

压缩过程是将 CO_2 从大气压状态（P_{initial}）压缩到适宜管道运输的压强状态（P_{final}）。在 CO_2 从大气压状态转变成运输状态过程中，需要经历一个相位的转化。先使用压缩机，达到临界状态后使用泵，临界压力设定为 $P_{\text{cut-off}}$。使用压缩机压缩时，假设分为 n 次压缩，每次的压缩率 $\text{CR} = (P_{\text{cut-off}} - P_{\text{initial}})^{\frac{1}{n}}$。第 i 次压缩用电量 $W_{s,i}$ 可由式（4-2）计算：

$$W_{s,i} = \left(\frac{a_1}{a_2 a_3}\right)\left(\frac{m Z_s R T_{\text{in}}}{M_{CO_2} \eta_{\text{is}}}\right)\left(\frac{k_s}{k_s - 1}\right)\left[(\text{CR})^{\frac{k_s - 1}{k_s}} - 1\right] \tag{4-2}$$

式中，m 为管道运输的 CO_2 的流率，t/d；Z_s 为每阶段 CO_2 的平均压缩率；R 为气体常数，kJ/(kmol·K)；T_{in} 为 CO_2 在压缩机入口的温度，K；M_{CO_2} 为 CO_2 的分子量，kg/kmol；η_{is} 为压缩机的等熵效率；k_s 为 CO_2 在每

个阶段的平均比热比。压缩过程的总用电量为各阶段用电量之和，即 $W_{\text{s-total}} = \sum_{i=1}^{n} W_{\text{s},i}$。

CO_2 经过每个压缩机组的流率（kg/s）为：

$$m_{\text{train}} = \frac{a_1 m}{a_2 a_3 N_{\text{train}}} \tag{4-3}$$

目前技术下压缩机组的最大功率为 M_{com}（kW），所需压缩机组的数量应为整数，$round\text{-}up$ 为向上取整函数，则压缩机组的数量为：

$$N_{\text{train}} = round\text{-}up\left(\frac{W_{\text{s-total}}}{M_{\text{com}}}\right) \tag{4-4}$$

压缩机的投资成本（C_{comp}）则能够由式（4-5）计算：

$$C_{\text{comp}} = m_{\text{train}} N_{\text{train}}\left(a_4 m_{\text{train}}^{a_5} + a_6 m_{\text{train}}^{a_7} \ln\frac{P_{\text{cut-off}}}{P_{\text{initial}}}\right) \tag{4-5}$$

式中，$P_{\text{cut-off}}$ 为临界压力，P_{initial} 为初始压力。

泵的投资成本 $C_{\text{pump}} = \left[a_8 \dfrac{W_p}{a_9} + a_{10}\right]$。泵用电量 $W_p = \left(\dfrac{a_{11} a_{12}}{a_{13} a_{14}}\right)\left(\dfrac{m\,(P_{\text{initial}} - P_{\text{cut-off}})}{\rho \eta_p}\right)$。式中，$\rho$ 为 CO_2 在泵中的密度，kg/m³；η_p 为泵的效率。

进行 CO_2 捕集的运营成本包括设备的运行与维护成本，以及增加的燃料与吸收剂成本，即 $C_{\text{cap O\&M}} = C_{\text{equipment}} + C_{\text{fuel\&absorbent}}$。$C_{\text{equipment}}$ 为设备的运行维护成本，可由运营成本因子（$f_{\text{cap O\&M}}$）与投资成本计算得到，即 $C_{\text{equipment}} = C_{\text{capInvestment}} f_{\text{cap O\&M}}$。$C_{\text{fuel\&absorbent}}$ 为每年增加的燃料与吸收剂成本，与年 CO_2 捕集量 q_{CO_2} 有关，即 $C_{\text{fuel\&absorbent}} = (v p_{\text{va}} + a p_{\text{ab}}) q_{CO_2}$（$v$ 和 a 分别为每捕集 1 单位 CO_2 所需消耗的蒸汽（t）和吸收剂（t）；p_{va} 和 p_{ab} 分别为每单位蒸汽和吸收剂的价格，元/t）。

针对化石燃料发电设备的碳捕集改造，还应考虑每年因 CO_2 捕集导致的电力输出损失，$C_{\text{ele}} = l_{\text{ele}} p_{\text{ele}} q_{CO_2}$ [l_{ele} 为每吨 CO_2 捕集带来的输出损失，kW·h/t；p_{ele} 为电力价格，元/（kW·h）]。

经过碳捕集改造后，电厂每年的最大 CO_2 捕集量为：

$$q_{CO_2} = X_F \times T \times CF \times CEF \times CAPR \tag{4-6}$$

式中，X_F 为电厂的装机容量，MW；T 为每年发电时间，h；CF 为供电标准煤耗，t/（MW·h）；CEF 为煤炭排放因子；CAPR 为电厂的 CO_2 捕集率。

捕集环节的额外收益与 CO_2 捕集量 q_{CO_2} 相关。目前全球大部分主要经济体都在积极地对 CO_2 排放的外部性进行定价，包括采取碳排放权交易和碳税等手段，而 CCUS 技术可以有效减少人为温室气体向大气的排放。因此本节在收益核算中考虑赋予 CO_2 价格 P_{CO_2}。P_{CO_2} 既可以被理解为企业通过 CCUS 技术对其所造成 CO_2 排放带来的外部性损失的规避，也可以被理解为企业因采用 CCUS 技术而获得的温室气体核定减排量的额外收入或是避免支出碳税费用的机会收益。因为在捕集过程中增加了能源消耗，故设定捕集的 CO_2 中有效减排量比例为 η_{CO_2}。则电厂每年因减排而带来的收入为：

$$r = p_{CO_2} \eta_{CO_2} q_{CO_2} \tag{4-7}$$

此外，由于存在潜在的 CO_2 利用方式，捕集方通过出售捕集的 CO_2 同样可以获得收入。设定出售的 CO_2 商品价格为 P_{EOR}，出售量为 q_{EOR}，则这部分收入 $r_{EOR} = P_{EOR} q_{EOR}$。

4.1.2 运输环节

参考魏宁等[44] 的 CO_2 运输环节成本核算方法，CO_2 陆上运输管道的投资成本为：

$$C_{\text{trans investment}} = \text{FL} \times \text{FT} \times L \times T_e \tag{4-8}$$

式中，FL 为地区因子；FT 为地形因子；L 为运输管道长度；T_e 为单位长度的投资成本，$T_e = a_{15} m^{a_{16}} L^{a_{17}}$。同样根据魏宁等的方法，按 CO_2 流量计算得到的运输环节运营成本与按照投资成本取一定比例计算的方法差距不大。因此出于简化的目的，此处可以采用取一定比例计算的方法。运输成本取初期建设成本比例为 $f_{\text{Trans O\&M}}$，每年的运行维护成本 $C_{\text{Trans O\&M}} = f_{\text{Trans O\&M}} C_{\text{trans investment}}$。

4.1.3 利用环节

(1) CO_2 加氢制甲醇

CO_2 加氢制甲醇的过程可以固定部分 CO_2。但由于 CO_2 分子本身极稳定，具有较高的能垒，在参与化学反应时需要较高的能量。因此，需要综合考虑 CO_2 制甲醇的综合能耗情况和综合碳减排效益。

生成甲醇的反应式为：$CO_2 + 3H_2 \longrightarrow CH_3OH + H_2O$

从化学计量学上讲，如果要产生 1000kg 甲醇，需要 1375kg CO_2 和 187.5kg H_2，其计算公式为：

$$GW_{CCU} = \sum_i m_i \, GWP_i \qquad (4\text{-}9)$$

式中，GW_{CCU} 描述的是产品生命周期对全球变暖的实际影响（也称为碳足迹）；GWP_i 描述了独立于任何产品生命周期的单一温室气体排放的辐射吸收。

一般而言，经济性分析包括成本投入部分的基础设施建设成本、原料成本、人工成本、设备维护成本、燃料成本和其他成本。以下经济性分析的研究边界为 CO_2 加氢制甲醇利用，包括重要原料气（氢气）生产、原料气压缩、甲醇合成、分离及甲醇精馏，不包括 CO_2 的捕集。CO_2 加氢制甲醇经济性评价过程主要计算一次性投入（压缩机费用、合成器费用、分离装置费用、甲醇精馏装置费用、土建费用等）和重复性投入（电费、操作费、运营维护费等）。

主要设备成本 C_{equip} 计算公式为：

$$C_{equip} = C_{ref} \left(\frac{A_{act}}{A_{ref}} \right)^n \frac{I_{act}}{I_{ref}} \qquad (4\text{-}10)$$

式中，C_{ref} 为设备参考值；A_{act} 为实际运行参数，A_{ref} 为参考运行参数；信息不详时，$n = 0.6$，甲醇精馏时，$n = 0.7$；I_{act} 为化工工厂成本指数实际值；I_{ref} 为化工工厂成本指数参考值。

CO_2 加氢制甲醇总设备成本 $C_{total-MeOH}$ 计算公式为：

$$C_{total-MeOH} = \sum_i m_i \, C_{equip} \qquad (4\text{-}11)$$

式中，C_{equip} 为气体压缩装置、甲醇合成塔、分离装置、甲醇精馏装置和其他装置设备成本。

公用工程成本 C_{pro} 和工程许可启动成本 C_{per} 计算公式为：

$$C_{pro}/C_{per} = C_{total-MeOH} \times 0.1 \qquad (4\text{-}12)$$

以年为单位，运行成本 $O\&M_{total}$ 计算公式为：

$$O\&M_{total} = C_{staff} + O\&M_{equip} + C_{manage} + C_{CO_2} + C_{cat} + C_{steam} + C_{water} \qquad (4\text{-}13)$$

$$O\&M_{equip} = 0.02 C_{total-MeOH} \qquad (4\text{-}14)$$

式中，C_{staff} 为人力成本；$O\&M_{equip}$ 为设备维护成本；C_{manage} 为其他管理费；C_{CO_2} 为消耗 CO_2 成本；C_{cat} 为催化剂成本；C_{steam} 为消耗蒸汽成本；C_{water} 为消耗水成本。

年消耗氢气量 m_{H_2} 计算公式为：

$$m_{H_2} = \frac{m_{MeOH}}{m_{H_2-MeOH}} \qquad (4\text{-}15)$$

式中，m_{MeOH} 为每年甲醇产量；m_{H_2-MeOH} 为每吨甲醇消耗氢气量。

电解水装置数 N_{ele} 计算公式为：

$$N_{ele}=\frac{V_{total-H_2}}{V_{H_2}} \tag{4-16}$$

式中，$V_{total-H_2}$ 为每年消耗氢气体积；V_{H_2} 为电解水装置每年产氢量。

电解水装置总成本 $C_{total-ele}$ 计算公式为：

$$C_{total-ele}=N_{ele}C_{ele} \tag{4-17}$$

式中，C_{ele} 为电解水装置单价。

在 CO_2 加氢制甲醇过程中，每年运营电费 E_{annual} 计算公式为：

$$E_{annual}=E_{MeOH}+E_{ele} \tag{4-18}$$

式中，E_{MeOH} 为制甲醇消耗电力；E_{ele} 为制氢消耗电力。

（2）CO_2 强化驱油与提高采收率

本部分中设定核算对象为具备 EOR 与封存能力的石油开采企业。油田方可以将 CO_2 注入井下驱油，提高原油采收率，也可以直接封存到废弃的油气井内。

首先核算 CO_2 用于驱油环节的成本收益情况。对于油田 EOR 的成本，参考杨哲琦等[45] 的核算方法，按照生产模块计算。根据原油产量确定生产井及 EOR 模块的数量。假设油田单井每天平均产量为 q_{oilsi} （单位为 t），每天的原油产量为 $q_{oildaily}$ （单位为 t），则需要的生产井数量为：

$$n_{pwell}=round\text{-}up\left(\frac{q_{oildaily}}{q_{oilsi}}\right) \tag{4-19}$$

设在 CO_2 驱油的过程中，生产井和注入井的比例为 $1:\gamma_{well}$，则注入井的数量为：

$$n_{inwell}=round\text{-}up\left(\gamma_{well}n_{pwell}\right) \tag{4-20}$$

假定每个 EOR 模块包括 n_0 口生产井、$\gamma_{well}n_0$ 口注入井和 1 口地层水回注井，则所需要的模块数量为：

$$n_{module}=round\text{-}up\left(\frac{n_{pwell}}{n_0}\right) \tag{4-21}$$

由于使用 CO_2 驱油的油田可以利用原有生产设施，因此无须重新钻井，只需改造原有钻井。故建设期的成本为注入设施和生产设施的购置与改造费用之和：

$$\begin{cases} C_{EOR\ investment}=C_{iinj}+C_{ipro} \\ C_{iinj}=C_{incomp}+C_{plant}+C_{line}+C_{coll}+C_{elefac}+C_{recon} \\ C_{ipro}=C_{oilline}+C_{oilpump}+C_{othfac} \end{cases}$$

式中，C_{iinj} 为注入设施成本；C_{incomp} 为注入前压缩设备成本；C_{plant} 为注入厂房的成本；C_{line} 为管线铺设成本；C_{coll} 为集水器成本；C_{elefac} 为驱油所用的电力设施成本；C_{recon} 为注入井改造成本；C_{ipro} 为生产设施成本；$C_{oilline}$ 为输油管线成本；$C_{oilpump}$ 为油泵的成本；C_{othfac} 为其他设备的成本。

驱油期间，每年油田的运营成本包括钻井日常开支、地面维护费、地下维护费、电费和购买 CO_2 的成本：

$$\begin{cases} C_{EOR\ O\&M} = C_{dai} + C_{sur} + C_{sub} + C_{CO_2} + C_{ele} \\ C_{dai} = C_{dadm} + C_{dlab} + C_{dtool} + C_{dconsu} \\ C_{sur} = C_{slab} + C_{srep} + C_{sfac} + C_{soth} \\ C_{sub} = C_{suwell} + C_{sureme} + C_{sumai} + C_{suoth} \\ C_{CO_2} = p_{EOR} + q_{EOR} \\ C_{ele} = p_{ele}[e_{com}q_{CO_2 in}r_{CO_2 rec}(i) + (e_{pump} + e_{sep} + e_{oth})q_{oil}] \end{cases}$$

式中，C_{dai} 为钻井日常开支；C_{dadm} 为管理费；C_{dlab} 为钻井的人工费；C_{dtool} 为操作工具费用；C_{dconsu} 为易耗品费用；C_{sur} 为地面维护费；C_{slab} 为地面维护的人工费；C_{srep} 为替换品及服务；C_{sfac} 为地面维护的设备使用费；C_{soth} 为地面维护的其他费用；C_{sub} 为地下维护费；C_{suwell} 为机修井服务费；C_{sureme} 为补救费用；C_{sumai} 为地下维护的设备维修费；C_{suoth} 为地下维护的其他费用；C_{CO_2} 为购买 CO_2 的成本；关于电费成本 C_{ele}，在 CO_2-EOR 过程中，主要有以下三方面耗电：CO_2 压缩、原油抽吸和碳氢化合物分离。这三个过程分别耗电 $e_{com}[(kW \cdot h)/t]$、$e_{pump}[(kW \cdot h)/桶]$ 和 $e_{sep}[(kW \cdot h)/桶]$。此外还有油气分离、CO_2 脱水等也需要消耗电能，耗电为 $e_{oth}[(kW \cdot h)/桶]$。此外，$q_{CO_2 in}$ 为每年注入井下的 CO_2；$r_{CO_2 rec}(i)$ 为第 i 年 CO_2 回收的比例；q_{oil} 为每年通过 CO_2-EOR 驱采的原油产量；p_{ele} 为电价。

驱油期间，油田的额外收入为采用 CO_2-EOR 驱油获得的原油增产收入：

$$r_{oil} = p_{oil}q_{oil} \tag{4-22}$$

式中，p_{oil} 为油价；q_{oil} 为驱油量。

需要说明的是，电厂每年可以捕集的 CO_2 量可以很大程度上稳定在某个水平，而油田的驱油量则取决于每年注入的 CO_2 量 $q_{CO_2 in}$ 和 EOR 效率 e_{EOR}：

$$q_{oil} = q_{CO_2 in}e_{EOR} \tag{4-23}$$

$q_{CO_2 in}$ 包括两部分，即从电厂购买的 q_{EOR} 以及从上一年驱油后回收的 CO_2 $[q_{CO_2 in}(t-1)r_{CO_2 rec}(t)$，$r_{CO_2 rec}$ 为 CO_2 回收率]：

$$q_{CO_2 in}(t) = q_{EOR}(t) + q_{CO_2 in}(t-1)r_{CO_2 rec}(t) \tag{4-24}$$

4.1.4　封存环节

(1) CO_2 封存于枯竭油气井

由于封存部分考虑将 CO_2 注入废井，因此不需勘探地形、钻井等。此处参考翟明洋等[46]，封存投资仅为管线与连接设备费用：

$$C_{\text{store investment}} = N_{\text{well}} c_1 \left(\frac{c_2}{c_3 N_{\text{well}}} \right)^{0.5} \tag{4-25}$$

式中，N_{well} 为钻井的个数；c_1、c_2、c_3 为常数，通常取经验数值。

在注入期，CO_2 注入废弃油井的成本包括钻井日常开支、消耗品成本、地面维护费和地下维护费，即：

$$C_{\text{store O\&M}} = C_{\text{dailyd}} + C_{\text{consd}} + C_{\text{surd}} + C_{\text{subsurd}} \tag{4-26}$$

式中，C_{dailyd} 为钻井日常开支，$C_{\text{dailyd}} = c_4 N_{\text{well}}$（$c_4$ 为常数，取经验数值）；C_{consd} 为消费品的成本，$C_{\text{consd}} = c_5 N_{\text{well}}$（$c_5$ 为常数，取经验数值）；C_{surd} 为地面维护费，$C_{\text{surd}} = N_{\text{well}} c_6 \left(\dfrac{q_{CO_2}}{c_7} \right)^{0.5}$（$c_6$、$c_7$ 为常数，取经验数值）；C_{subsurd} 为地下维护费，$C_{\text{subsurd}} = N_{\text{well}} \left(c_8 \dfrac{d}{c_9} \right)$（$c_8$、$c_9$ 为常数，取经验数值）。

若油价出现严重下跌或 CO_2 供应远大于驱油需求，继续使用 CO_2 驱油将不具备经济可行性。因此，油田公司会选择将 CO_2 注入油田的废弃井中。根据油田废井的技术参数，可按下述方法计算所需钻井数。

注入井的平均压力为：

$$P_{\text{inter}} = P_{\text{res}} + P_{\text{down}} \tag{4-27}$$

式中，P_{res} 为井口压力，P_{down} 为井底压力，单位均为 MPa。

储层的绝对渗透率为：

$$k_{\text{a}} = (k_{\text{h}} k_{\text{v}})^{0.5} \tag{4-28}$$

式中，k_{h} 为岩层的水平渗透率，k_{v} 为岩层的垂直渗透率，单位均为 mD。

储层内 CO_2 的流动性为：

$$CO_{2\text{ mobility}} = \frac{k_{\text{a}}}{\mu_{\text{inter}}} \tag{4-29}$$

式中，μ_{inter} 为 CO_2 在管道中黏度，mPa·s。

CO_2 的注入性为：

$$CO_{2\text{ injectivity}} = 0.0208 CO_{2\text{ mobility}} \tag{4-30}$$

单井注入量为：

$$Q = CO_{2\text{ injectivity}} h (P_{\text{down}} - P_{\text{res}}) \tag{4-31}$$

注入井的数量取决于 CO_2 的流率和单井注入量。但井的数量是一个整数，故所需注入井的数量为：

$$N_{well} = round\text{-}up\left(\frac{m}{Q}\right) \tag{4-32}$$

（2）CO_2 地质封存联合咸水开采

CO_2 地质封存联合咸水开采是一种结合直接地质封存与咸水开采的技术手段。主要涉及从 CO_2 捕集到注入和咸水开采及处理的各个环节。由于驱水前各步骤成本已经计入全流程 CCUS 的捕集、运输与利用环节，因此此部分成本仅需进一步考虑驱水成本、咸水淡化成本与淡水运输成本三个部分。

驱水成本的计算方式为：

$$CWE = q_{sw} UWE \tag{4-33}$$

式中，q_{sw} 为驱水量，CO_2 与驱水量的比例可取 1∶1.1；UWE 为单位驱水成本。

咸水淡化成本为：

$$CWD = q_{sw} UWD \tag{4-34}$$

式中，UWD 为单位咸水淡化成本。

淡水运输成本为：

$$CFT = q_{fw} d UFT \tag{4-35}$$

式中，q_{fw} 为淡水运输量；d 为运输距离；UFT 为单位淡水运输成本。

4.2　全流程煤电 CCUS 技术经济性评估

基于上一节中构建的模型并引入捕集、运输、利用、封存与财务相关参数即可测算某电厂全流程 CCUS 平准化成本。由于利用阶段整体成本为负，即利用阶段对电厂而言是正收益环节，因此不必分析利用环节作为煤电 CCUS 全流程关键成本环节的可能性。换言之，从全流程角度考察煤电 CCUS 的关键成本环节与考察煤电 CCS 的关键成本环节的过程应当完全一致。因此，识别关键成本环节的一个直接方式是，基于当前技术水平与价格水平设置模型中的相关参数，以符合煤电 CCS 改造的现存全国煤电厂平均情况作为电厂基本情况的数据。此时模型计算获得的结果既能反映全国平均尺度上全流程煤电 CCS 的平准化成本，也能对比全国平均尺度上捕集、运输与封存三个环节的成本差异。

此处假设全国煤电厂平均装机容量为 600MW、源汇距离为 50km。根据煤电 CCUS 经济性核算模型，全流程 CCS 平准化成本（含投资成本）为 407

元/t。其中，捕集环节平准化成本为 334 元/t，运输环节平准化成本为 39 元/t，封存环节平准化成本为 33 元/t。对比可以发现，碳捕集环节成本占全流程成本比例最大，超过 80%。如果不考虑投资成本，捕集环节平准化成本可以下降至 218 元/t，但在全流程 CCS 平准化成本中的占比将达到 90% 以上。由此可见，捕集环节是煤电 CCUS 全流程中的关键环节。进一步调整电厂装机容量为 1000MW，源汇距离为 250km，全流程 CCS 平准化成本（含投资成本）将达到 516 元/t，捕集环节平准化成本将略微下降至 316 元/t，运输环节平准化成本则上升至 172 元/t。此时，虽然捕集环节成本占比有所下降，但仍然超过 60%，这再次说明碳捕集环节成本占全流程成本比例最大。

利用上述核算方法，基于全国层面数据进行分析能够从更加全面综合的角度理解全流程煤电 CCUS 的技术经济成本情况。如图 4-1 所示，按照 2020 年 CCUS 技术经济水平，在仅考虑 CO_2 强化咸水开采（CO_2-EWR，85% 捕集率、250km 匹配距离）的情景下，全国具备实施全流程 CCUS 改造条件的煤电装机容量为 1.6 亿千瓦。这些煤电机组占总煤电装机容量的 72%，可减排 CO_2 约为 5.4 亿吨/年。测算结果表明，98% 的机组平准化成本低于 400 元/t，平均度电成本增幅低于 0.344 元/（kW·h），可实现减排规模为 5.3 亿吨/年。其中，占总装机容量 26% 的煤电机组具备较低成本机会，这些具有较低成本机会的煤电机组主要位于能源"金三角"地区及新疆地区，其减排成本普遍低于 300 元/t，平均度电成本增幅低于 0.24 元/（kW·h），可实现减排 1.4 亿吨/年。因此，典型区域优先发展不仅是煤电 CCUS 产业技术条件限制下的必然选择，采取针对性措施积极实现典型区域煤电 CCUS 的产业布局本身存在优势，有助于降低煤电 CCUS 产业发展的总体减排成本，提高产业规模化水平。优先在能源"金三角"和新疆等具有低成本机会的典型区域推广煤电 CCUS 项目，可以有效利用这些区域的地质和资源优势，进一步优化捕集和封存过程的经济性。此外，这些区域的项目成功实施还可以为其他地区提供宝贵的经验和示范效应，推动全国范围内煤电 CCUS 技术的更广泛应用。这种策略不仅能够实现显著的 CO_2 减排目标，还能在推动区域经济发展的同时，提升我国在全球碳减排领域的技术领先地位。

利用全流程煤电 CCUS 经济性核算模型还能对比不同利用方式下的平准化成本差异。图 4-2 展示了对应结果，相较于单纯的地质封存技术（CO_2-EWR），EWR 结合驱油封存技术（CO_2-EOR）具有更好的成本效益，具有规模化实施 CCUS 的早期低成本机会。当累计减排量达到 1 亿吨 CO_2 时，二者结合的技术路径比单纯的 EWR 技术的平准化成本低 50%。这意味着在初期实施 CCUS 项目时，选择 CO_2-EOR 技术不仅能够实现有效的碳封存，还可以通过提高油田采收

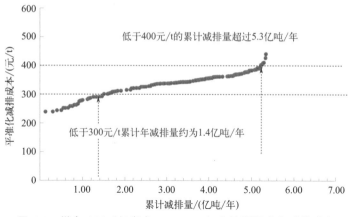

图 4-1　煤电 CCS（仅考虑 CO_2-EWR）全流程平准化减排成本

率带来额外的经济收益，显著降低整体项目的经济负担。然而，当累计减排量达到 5 亿吨 CO_2 时，二者结合的技术路径与单纯的 EWR 技术成本趋同。此时，单纯的 EWR 技术将发挥主要作用，表明 EWR 具有更大的减排潜力。随着减排规模的扩大，CO_2-EOR 的边际收益逐渐减小，而 EWR 的长期稳定性和潜力则显现出来，成为大规模减排的主要手段。这一结果强调了在不同减排阶段应灵活选择合适的技术路径，以最大化经济效益和减排效果。另外，不论是否在地质封存的基础上再增加考虑驱油封存技术，从成本结构的角度来看，捕集环节始终是最重要的环节。捕集成本通常占到全流程 CCUS 成本的 $60\%\sim70\%$，是影响整体经济性的关键因素。降低捕集环节的成本水平对于降低全流程平准化成本至关重要，也就是说，EWR 和 EOR 技术的结合提供了早期低成本减排的机会，而捕集环节的成本控制将是实现长期大规模减排的核心要素。

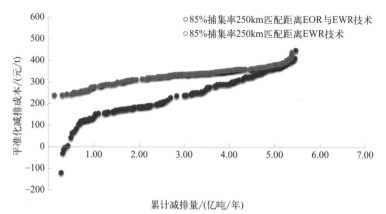

图 4-2　国家能源集团煤电 CCUS 减排成本曲线对比
（仅地质封存相比于地质封存和驱油利用）

第 **5** 章

典型区域煤电CCUS示范项目 技术经济分析

结合煤电 CCUS 的技术特征与应用条件限制，优先在典型区域推进产业示范性发展，是撬动整个行业持续发展的杠杆。因此，一个重要的研究问题是：如何理解典型区域中煤电 CCUS 项目的捕集端成本特征并挖掘其潜在的优化空间。本章以我国能源"金三角"地区某煤炭电力公司的捕集示范工程项目为研究案例。该项目符合煤电 CCUS 工程建设的典型区域条件，因此其技术经济特征既有助于揭示典型区域煤电碳捕集的成本构成细节，也能够指明成本优化的潜在方向。

5.1 案例介绍

西北某煤炭电力公司位于陕西省，于 2004 年前后注册成立，注册资本超 20 亿元。2022 年后，公司企业类型由国有控股变为国有全资企业。目前，西北某煤炭电力公司的总体规划建设包括 4 个×60 兆瓦+2 个×66 兆瓦+2 个×100 兆瓦的煤电机组和核定产能 1800 万吨/年的配套煤矿，属于典型的煤电一体化项目，是国家"西电东送"北通道项目重要启动电源点，电能通过 500kV 输电线路输送至其他地区。公司目前建成管理运营的火电总装机在 350 兆瓦以上，煤炭核定产能约为 1800 万吨/年，新能源光伏 12.3 兆瓦，新能源在建容量 140 兆瓦，实现了 15 万吨/年燃烧后 CO_2 捕集、利用与封存全流程示范项目（CCUS）和设计运量 500 万吨/年的铁路专用线，初步形成煤炭、火电、新能源、化工、铁路五位一体化发展新格局。

本章的案例研究聚焦于该公司的"15 万吨/年燃烧后 CO_2 捕集示范工程"项目。作为目前国内规模最大的燃煤电厂燃烧后 CO_2 捕集示范工程，该项目于 2016 年立项并获得科技部的批准，2019 年 11 月 1 日正式开工建设，并于 2021 年 6 月 25 日建成投运。项目实际运行的各项关键参数及技术经济指标均优于设计要求。这不仅为更大规模的燃煤电厂 CO_2 捕集工程奠定了基础，还提供了宝贵的数据和实践经验，因此，该示范工程能够作为研究煤电 CCUS 捕集端技术经济评估的有效案例。通过对该项目的深入分析，可以揭示影响捕集端成本和效率的关键因素，探索优化策略，为行业和政策制定提供有力支持。此外，有助于有效把握典型区域的煤电 CCUS 产业特征。

该项目所在区域可再生能源丰富。风能方面，全市年平均风速在 6m/s 以上，年可利用时间超过 2200h。太阳能方面，全市属于光资源二类区域，年太阳辐射达到 1530～1660(kW·h)/m³，年平均日照 2600～2900h，是全国太阳能资源富集区之一。自 2020 年以来，陕西省政府致力于打造"风光火储"千万千瓦级综合能源基地，规划建设包括火电 4000MW、风电 2500MW、光伏 9000MW 以及 ±800kV 换流站及超高压直流线路等。西北某煤炭电力公司新能源基地一期项目规划建设光伏 1000MW 和风电 400MW。随着新能源技术的发展，CCUS 技术成本中的能耗部分可以与新能源电力形成良好协同，实现清洁化碳捕集并降低捕集成本。然而，这一技术路径要求电厂同时具备捕集装置与统一调度的新能源电站。西北某煤炭电力公司的"15 万吨/年燃烧后 CO_2 捕集示范工程"项目是国内少数兼具此条件的 CCUS 项目。因此，该项目能够作为针对典型区域的研究案例，具备独特的示范效应，有助于探索和验证煤电 CCUS 捕集端在典型区域条件下的具体情况。

5.2　案例项目技术经济分析结果

5.2.1　平准化捕集成本核算

（1）捕集成本构成核算

平准化捕集成本是煤电 CCUS 项目长期运营期间每吨 CO_2 捕集成本的经济度量，能够综合考虑初始投资、运营维护费用、能源消耗、融资成本及项目寿命期等因素，为评估捕集技术的经济可行性和比较不同技术方案提供统一标准。因此，针对案例项目进行平准化捕集成本的核算，是深入理解典型区域煤电 CCUS 捕集端经济性、优化成本结构及促进技术推广的关键步骤。

对案例项目进行平准化捕集成本核算需要整合多维度的经济参数，从直接销售收入到各类运行材料的年度消耗量，再到动力需求、固定资产折旧摊销及广泛的运营成本，如人工、管理、维护、税费及环保处理费用等。这一过程不仅要求精确计量每一项成本组成，还需考虑产能利用率、项目寿命周期内的资金时间价值。通过折现计算，将未来现金流转换为现值，以获得每吨 CO_2 捕集的真实经济成本。基于这样全面且严谨的核算框架，能够确保成本评估的完整性与准确性。表 5-1 展示了针对该 CCUS 项目核算过程中的基本参数情况。

表 5-1　西北某煤炭电力公司燃煤机组碳捕集项目基本参数

项目	2022 年测算（内部可变成本）			说明
	数量	单价/元	金额/万元	
直接销售	15 万吨	100	1327.43	

项目		2022 年测算（内部可变成本）			说明
		数量	单价/元	金额/万元	
运行材料	复合胺吸收溶剂	169.5t/年	40300	683.085	实测
	氢氧化钠	120t/年	800	9.6	估算
	干燥剂	4m³/年	15000	6	估算
水	工业水	300000t/年	1.3	39	估算
	除盐水	36000t/年	14	50.4	设计值
动力	蒸汽	168000t/年	20	336.00	设计值
	电力	34400000(kW·h)/年	0.19	653.60	设计值
折旧摊销	机器设备	8500 万元	20 年折旧期	591.59	投资预算
	房屋建筑物	1800 万元	35 年折旧期	88.48	投资预算
其他成本	人工成本	16 人次/年	24.57 万元/(人次·年)	393.12	
	管理费用	24 人次/年	0.61 万元/(人次·年)	14.64	
	日常维护费	—	—	200	
	税费	—	—	58.26	
	废水、废渣处置费用	40000t/年	0.6	2.40	
成本合计		—	—	3126.18	
直接成本		—	—	1777.69	

管理费用：包含差旅费、办公费、会议费等相关的管理性费用。

人工成本：参照 2020 年公司员工全口径年平均人工成本测算（运行人员 12 人，检修人员 6 人，管理人员 6 人）。

日常维护费：包括备品备件、检修耗材等费用。

税费：包含城建教育费附加、印花税、房产税，其余税费不涉及

经过核算，案例项目的总投资规模为 1.03 亿元。以 3.38% 的贴现率进行评估，该项目的捕集环节平准化 CO_2 成本约合 208.41 元/t。如图 5-1 所示，平准化成本中的单位可变成本，即直接随产量变动的成本部分，测算结果为 118.67 元/t，占据了总成本的 56.95%。深入分析平准化 CO_2 成本中的运营成本结构，可以发现复合胺吸收剂、电力和蒸汽是构成捕集成本的三大关键要素，分别占比 21.8%、20.9% 和 10.7%。因此，优化捕集成本的过程需要减少这些主要运营物料和能源的消耗或寻找成本更低的替代品，是控制成本、提高经济效率的关键策略。复合胺吸收剂作为核心消耗材料，其成本占比突出，体现了提升材料效率或应用循环再利用技术的重要性；而电力与蒸汽的高成本份额，则强调了与可再生能源集成以降低能源成本的迫切性。另外，根据

图 5-1 中的测算结果，捕集环节平准化 CO_2 成本中的人工成本为 26.21 元/t，建筑及机器设备房屋建设为 45.34 元/t，日常维护费和税费分别为 13.33 元/t 和 3.88 元/t，管理费用为 0.98 元/t，废水、废渣处置费用为 0.16 元/t。除此之外，除盐水、氢氧化钠、干燥剂和工业水分别为 3.36 元/t、0.64 元/t、0.40 元/t 和 2.60 元/t。

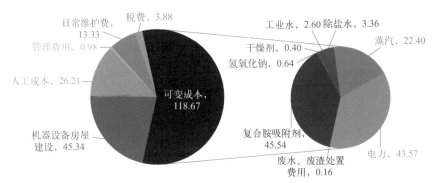

图 5-1　平准化成本构成

（2）电价增幅核算

根据案例项目的基本参数测算，捕集环节平准化 CO_2 成本约合为 208.41 元/t。一般而言，碳捕集过程中产生的成本需均摊到每度电上，这会导致电价上涨。因此，不同规模的碳捕集项目将导致不同程度的电价增长幅度。以基准发电时间为 5300h 计算时，不同规模下的碳捕集对电价的影响如图 5-2 所示。

首先，在当前 15 万吨/年的捕集规模情景下，西北某煤炭电力公司由于实施 CCUS 项目导致的电价增幅为 0.0098 元/(kW·h)；在 50 万吨/年的捕集

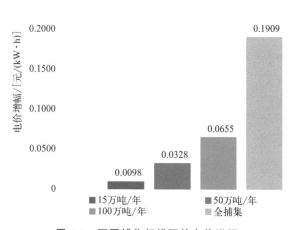

图 5-2　不同捕集规模下的电价增幅

规模情景下，实施 CCUS 项目导致的电价增幅为 0.0328 元/(kW·h)；在 100 万吨/年的捕集规模情景下，实施 CCUS 项目导致的电价增幅则为 0.0655 元/(kW·h)；在全捕集情景下，实施 CCUS 项目导致的电价增幅将 会增长到 0.1909 元/(kW·h)。

(3) 碳市场净配额盈余核算

根据生态环境部《2021、2022 年度全国碳排放权交易配额总量设定与分 配实施方案（发电行业）》，2022 年度全国 300MW 等级以上常规燃煤机组的 供电基准值为 0.8177t/(MW·h)。西北某煤炭电力公司通过实施 CCUS 项 目，能够实现深度碳减排，从而降低碳排放权交易配额的使用量，甚至可能获 得净配额盈余，并在碳市场上获得额外收益。

考虑到捕集环节需要消耗额外的电力，必须将这部分额外电力的碳排放量 抵扣。抵扣后剩余的捕集量才是煤电 CCUS 项目捕集环节的最终碳减排成果。 案例项目的净碳捕集率为 79%，即抵扣捕集环节中的碳排放量之后，有 79% 的碳排放被成功捕集和削减。在不考虑蒸汽额外的碳排放量及其他 CCUS 环 节碳排放的假定下，不同的捕集规模将引起机组净配额盈余的变化。经过核 算，不同捕集规模下的净配额盈余如图 5-3 所示。根据实施捕集机组的发电效 率、煤耗等相关参数，在不实施碳捕集的正常工况条件下，按照 0.8177 t/(MW·h) 的碳排放强度基准线初步核算，该机组的碳配额缺口为 31.26 万 吨。在 15 万吨/年的捕集规模情景下，虽然该机组能通过 CCUS 项目减少碳 配额使用量，但无法实现盈余。缺少的碳配额量可降低至 19.41 万吨。在 50 万吨/年的捕集规模情景下，该燃煤机组能够通过 CCUS 项目实现 8.24 万吨 的净配额盈余。在 100 万吨/年的捕集规模情景下，该机组能够通过 CCUS 项

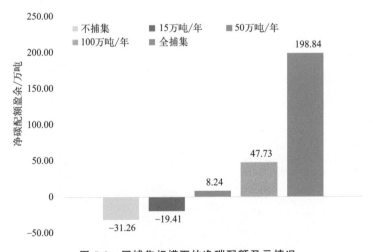

图 5-3　同捕集规模下的净碳配额盈亏情况

目实现 47.73 万吨的净配额盈余。在全捕集情景下，该燃煤机组能够通过
CCUS 项目实现 198.84 万吨的净配额盈余。

5.2.2　平准化捕集成本敏感性分析

（1）捕集系统投资成本敏感性

根据该案例项目的技术经济参数，捕集系统总投资是其中一个主要成本分
项，包括 8500 万元的机器设备成本和 1800 万元的房屋建筑物成本，总计
10300 万元。机器设备成本和房屋建筑物成本的折旧年限分别为 20 年和 35
年，贴现率设定为 3.38％。机器设备成本约合每吨 CO_2 减排成本为 39.44 元，
而房屋建筑物成本约合每吨 CO_2 减排成本为 5.9 元。因此，捕集系统总投资
约合每吨 CO_2 减排成本为 45.34 元，占捕集环节平准化 CO_2 减排成本的
21.75％。可见，捕集系统总投资在捕集环节平准化 CO_2 减排成本中所占比例
较大，能够对平准化成本水平产生显著影响。

因此，对捕集系统总投资进行敏感性分析至关重要。具体而言，考虑捕集
系统总投资不同比例的变动情况，假设机器设备成本和房屋建筑物成本按与捕
集系统总投资相同比例变化。以 5％为变动单位，逐一考虑捕集系统总投资从
75％到 125％的变动情景下，可以测算捕集环节平准化 CO_2 成本的变化情况。
经过测算，CCUS 项目平准化减排成本（元/t）与捕集系统总投资（万元）的
关系如图 5-4 所示。

随着捕集系统总投资的增加，该 CCUS 项目的平准化捕集成本呈线性增
加趋势。具体而言，捕集系统总投资每上升（下降）5％，导致该 CCUS 项目
的平准化捕集成本上升（下降）1.09％，减排成本上升（下降）幅度约为

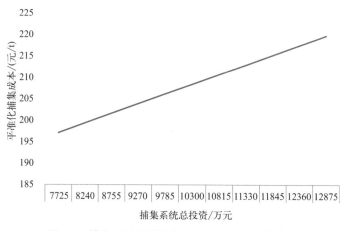

图 5-4　捕集系统总投资与 CCUS 项目平准化成本

2.27 元/t。当捕集系统总投资上升到 125％时，该 CCUS 项目的平准化捕集成本上升了 5.44％；而当捕集系统总投资下降到 75％时，该项目的平准化捕集成本相应下降了 5.44％，减排成本上升（下降）幅度约为 11.33 元/t。

（2）蒸汽成本敏感性

基于案例项目的平准化成本结构可知，蒸汽成本是可变成本中的重要成分。目前，单位吨碳捕集的蒸汽消耗为 1.12t，以 20 元/t 的成本进行测算，蒸汽成本约合每吨 CO_2 减排成本为 22.4 元，占到可变成本的 18.88％、总成本的 10.75％。因此，进一步对蒸汽成本这一成本分项进行敏感性分析，测算结果如图 5-5 所示。

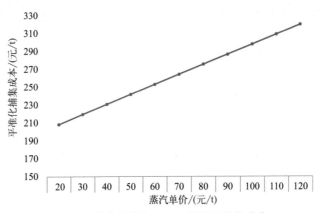

图 5-5　蒸汽单价与 CCUS 项目平准化成本

以 10 元/t 为变动单位，逐一考虑在蒸汽单价从 20 元/t 上升到 120 元/t 的变动情景下，捕集环节平准化 CO_2 成本的变动情况。经过测算，随着蒸汽单价的增加，该 CCUS 项目的平准化捕集成本呈线性增加趋势。具体而言，当蒸汽单价上升 10 元/t，该 CCUS 项目的平准化捕集成本就会上升 5.37％，相当于平准化成本增加至 11.2 元/t。随着蒸汽单价的增加，这种增幅呈现出递增的趋势。例如，当蒸汽单价达到 60 元/t 时，项目的平准化捕集成本就会增加 21.5％；而当蒸汽单价达到 90 元/t 和 120 元/t 时，相应的平准化捕集成本分别增加了 37.62％和 53.74％。这表明蒸汽成本的增加会显著影响 CCUS 项目的成本效益，需要谨慎考虑以确保项目的经济可行性。

（3）电力成本敏感性

案例项目的技术经济参数显示，可变成本内的主要成本分项之一是电力成本，单位 CO_2 捕集的电力消耗为 229.33(kW·h)/t。以案例项目所属公司约 0.19 元/(kW·h) 的发电成本测算，电力成本约合 CO_2 减排成本为 43.57 元/t，占到可变成本的 36.7％。电力成本在捕集环节平准化 CO_2 成本中占了较大比例，对捕集环节平准化成本水平有着显著影响。因此，对电力成本这一成本分项进行敏感性分析同样十分重要。

下面考虑在电力成本这一成本分项变化不同比例的情况下，捕集环节平准化 CO_2 减排成本的变动情况。此处以 0.03 元/(kW·h) 为变动单位，逐一考虑在电力单价从 0.1 元/(kW·h) 上升到 0.4 元/(kW·h) 的变动情景。经过测算发现，随着电力单价的增加，该 CCUS 项目的平准化捕集成本呈线性增加趋势。如图 5-6 所示，每当电力单价上升（下降）0.03 元/(kW·h)，该项目的平准化捕集成本就会上升（下降）3.3%，相当于每吨 CO_2 增加（减少）6.88 元的成本。例如，当电力成本下降到 0.1 元/(kW·h)，燃煤机组碳捕集项目的平准化捕集成本下降了 9.9%，降至 187.77 元/t；而当电力单价上升到 0.4 元/(kW·h)，相应的平准化捕集成本也上升了 23.11%，增至 256.57 元/吨。这说明电力成本的变动会对 CCUS 项目的成本效益产生重大影响，需谨慎考虑以确保项目的经济可行性。

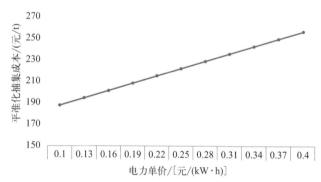

图 5-6　项目平准化减排成本对捕集压缩的电力消耗成本的敏感性

（4）吸收剂成本敏感性

案例项目的技术经济参数表明，吸收溶剂成本是捕集环节成本的一个重要组成部分，每吨碳捕集的吸收溶剂消耗为 1.13kg。以 40300 元/t 的成本测算，吸收溶剂成本约合 CO_2 减排成本为 45.54 元/t，占捕集环节平准化 CO_2 减排成本的 21.85%。也就是说，吸收溶剂成本在捕集环节平准化 CO_2 成本中占了相当大的比例，对平准化成本的影响显著。因此，有必要进一步分析煤电碳捕集的平准化成本对吸收溶剂成本的敏感性特征。

下面考虑在吸收溶剂成本这一成本分项以不同的比例变化时，捕集环节平准化成本的变动情况。以 2000 元/t 为变动单位，逐一考虑在吸收溶剂单价从 30300 元/t 上升到 50300 元/t 的变动情景。CCUS 项目平准化成本（元/t）与吸收溶剂单价（元/t）的关系如图 5-7 所示。图中显示，随着吸收溶剂单价的上升，该CCUS项目的平准化捕集成本呈线性增加趋势。吸收溶剂单价每上升（下降）2000元/t，会导致该CCUS项目的平准化捕集成本上升（下降）1.08%，相当于每吨CO_2增加（减少）2.26元的成本。例如，当吸收溶剂单价下降到30300元/t时，该项目的平准化捕集成本下降了5.42%，降至197.11元/t；而当吸收溶剂单价上升到50300元/t时，相应的平准化捕集成本也上升了5.42%，增至219.70元/t。这突显了吸收溶剂成本的波动对CCUS项目成本的敏感性，需要细致考虑以确保项目的经济可行性。

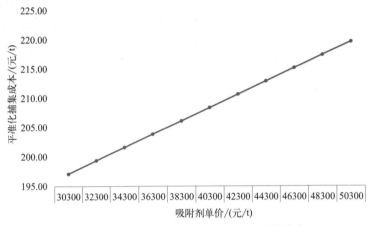

图5-7　吸收溶剂单价与CCUS项目平准化成本

　　根据以上分析，未来即使不考虑工程技术水平的进步，通过降低项目系统建设投资成本、控制捕集压缩单元的蒸汽消耗、电力消耗以及吸收溶剂的成本，燃煤电厂平准化碳捕集成本仍有望实现每吨CO_2降低30～50元的幅度。值得一提的是，西北某煤炭电力公司凭借其独特的煤电一体化优势，已经在电力、蒸汽等消耗成本上达到了较低水平。因此，基于案例项目进行的技术经济分析结果已经代表了当前典型区域下煤电CCUS产业的最优水平，其核算得到的减排成本也处于行业最低水平。然而，未来想进一步降低成本，就必须依赖规模化应用后的规模效益、工艺路线优化设计以及额外能耗与溶剂消耗降低等技术的进步。除了纯技术性的成本之外，政策性的成本效益激励对电厂开展CCUS投资运行也有望发挥巨大的推动作用。随着技术和政策的不断发展，燃煤电厂，特别是典型区域内的燃煤电厂在碳捕集领域的成本优势和环境效益将进一步凸显。

5.2.3　捕集环节用能优化潜力分析

　　根据西北某煤炭电力公司燃煤机组碳捕集案例项目的基本参数测算结果，

其捕集环节平准化 CO_2 减排成本约为 208.41 元/t。在该 CCUS 项目的技术经济参数中，电力消耗占据着可变成本的重要部分，每吨碳捕集的电力消耗高达 229.33kW·h，以 0.19 元/(kW·h) 的标准测算，对应的电力成本约为 43.57 元/t，占到可变成本的 36.7%。然而，捕集压缩环节的电力消耗来源优化可能为进一步的成本下降提供空间。特别是，若将此部分电力消耗与风光系统耦合，则具备较大潜力实现成本下降。

举例说明，以西北某煤炭电力公司新能源基地一期项目规划建设的光伏 1000MW、风电 400MW 基地为例。根据该项目规划以及《陕西省 2021 年新能源发电企业参与市场化交易实施方案》，每年光伏和风电的保障性收购时间分别为 1250h 和 1700h。该新能源基地发电时间按陕西省 6000kW 以上电厂利用时间平均值，即光伏和风电的年发电时间分别为 1392h 和 1748h。据此估算，每年约有 16120 万 kW·h 的电量可能成为弃风弃光电量，远远超过 15 万吨/年 CCUS 项目的总电能消耗。假设弃风弃光电量的 80% 可以应用于该 CCUS 项目，那么这部分电能可以满足该项目约 27% 的电力需求。按照 0.09 元/(kW·h) 的价格测算，这部分电能替代可以使燃煤机组碳捕集项目的每吨碳成本下降 22.93 元/t，实现可变成本下降 19.35%。同时，如果将这部分能量替代所节省的碳排放量纳入碳市场交易，可以获得额外的碳配额盈余，并通过碳交易市场实现额外的碳资产收益。因此，如果实现风光与 CCUS 系统的耦合，其实际经济效益可能高于目前的测算值。这种耦合将有助于进一步降低碳捕集成本，并为企业带来额外的收益。

除此之外，对于碳捕集系统的运行和管理也可以进行优化。建立有效的监测和控制系统，实时监测碳捕集设备的运行状态和性能指标，及时调整操作参数，以最大程度地提高系统的运行效率和捕集效果。同时，加强对运行人员的培训和技术支持，提高其操作技能和应对突发情况的能力，确保碳捕集系统能够稳定、高效地运行。此外，建立健全的数据管理和分析系统，对碳捕集过程中产生的数据进行及时、准确的采集和分析，为系统优化和决策提供科学依据。在碳捕集项目的运营阶段，积极参与碳市场交易，充分利用碳配额盈余和碳资产收益，进一步提高项目的经济效益。与此同时，加强与政府部门、行业协会以及其他利益相关者的沟通与合作，共同推动碳捕集技术的发展和应用，形成良性的政策环境和市场机制，为碳捕集项目的长期可持续发展奠定坚实基础。除了技术和管理方面的优化，还可以探索碳捕集项目与其他清洁能源和低碳技术的协同发展。例如，将碳捕集系统与储能技术相结合，利用储能设施存储碳捕集过程中产生的 CO_2，实现碳排放的长期存储和利用。

典型区域煤电CCUS政策模拟评估

本章将依托西北某煤炭电力公司燃煤机组的碳捕集示范项目，探讨和评估不同政策组合对煤电 CCUS 项目经济性的具体影响，并模拟不同发展阶段下的政策效果。通过详细的模拟分析能够帮助理解政策在典型区域优先发展煤电 CCUS 过程中的重要作用。具体而言，本章考虑了发电时间（单位为 h）补偿、上网电价补贴、绿色电力证书交易、绿色金融和碳定价等政策对项目经济性的影响。通过量化分析，能够充分揭示各政策激励措施在实际应用中的综合效果，评估其对促进 CCUS 技术推广和产业发展的潜在贡献。

6.1 煤电 CCUS 激励政策效果模拟案例分析

西北某煤炭电力公司属于典型的煤电联营企业，依托周边区域丰富的煤矿资源大力推动煤电一体化项目，在发电度电成本及蒸汽成本方面具有得天独厚的优势。以该公司燃煤机组碳捕集项目为例，项目发电成本为 0.19 元/(kW·h)，蒸汽成本为 20 元/t，捕集环节平准化 CO_2 减排成本约合 208.41 元/t。上述成本数据在全国范围内的燃煤电厂机组中处于较低水平。为了代表行业一般水平，本节选取西北某电厂作为代表性典型电厂进行测算与比较。该电厂的发电成本以 0.5803 元/(kW·h) 进行测算，蒸汽成本以 100 元/t 进行测算；参考西北某煤炭电力公司燃煤机组碳捕集项目的基本参数进行测算，该电厂在捕集环节的平准化 CO_2 减排成本约合 387.52 元/t。

本节在政策模拟测算过程中还参考了西北某煤炭电力公司燃煤机组碳捕集示范项目的实际技术经济参数，并忽略了运营过程中的工况细节以简化分析。具体而言，考虑"发电时间补偿政策""上网电价补贴政策""绿色电力交易""绿色金融""碳定价政策"五类常规激励政策，通过计算电力企业增量收入水平（含 CCUS）比较其政策效果。

6.1.1 发电时间补偿政策

发电时间补偿政策通常指政府为了保障发电企业合理收益而制定的一种补贴政策。该政策预先设定一个全生命周期内的合理发电时间，当实际发电量达到预定时间时，项目可以获得一定补贴；若发电量超过预定时间，超出部分可能不再享受补贴，或者通过市场化交易等方式获得收益。发电时间补偿政策有助于稳定项目的收益预期、降低投资风险，保障发电行业的健康发展[1]。

发电设备的利用时间是反映发电设备生产能力利用程度的指标。从收益角度看，发电设备利用时间越高，则相同装机容量下的发电量越高，进而发电收入越高；从成本角度看，延长发电时间可使得固定资产投资成本回收周期缩短。根据 2020 年统计数据，我国火电当年平均年利用时间为 4216h，平均利用率不足 50%，增加保障发电时间的空间与可行性较大[2]。因此，若对加装碳捕获装置的发电企业实行发电时间补偿政策，有望在提高发电收入的同时补偿捕集成本，可以有效提高电厂开展 CCUS 示范与应用的积极性，激励 CCUS 项目投资，提振行业信心。

以西北某煤炭电力公司燃煤机组碳捕集项目为例，该项目完成 CCUS 改造的机组容量为 600MW，即每额外增加 1h 的可用发电时间对应 600MW·h 的电量增发。假定上网电价为 0.332 元/(kW·h)，度电发电成本为 0.19 元/(kW·h)，则每额外增加 1h 可用发电时间将带来 8.52 万元的额外收益。再假定机组年发电时间以 5300h 为基准，则其年 CO_2 排放量将超出机组 CO_2 捕集装置设计的 15 万吨规模，因而额外增加的发电时间不会造成捕集成本的增加。综合上述因素，电厂的额外收入与补贴的发电时间成正比：随着补偿发电时间的增加，由此带来的额外收入随之线性增长，从而使得碳捕集收入净值也随之线性增加（图 6-1）。在 15 万吨/年的捕集规模下，额外增加 367h 发电时间带来的收益即可完全抵消机组投资和运营 CCUS 项目的成本，使得项目具备成本竞争力。

捕集规模的进一步扩大，将使得项目具备成本效益所需的补偿发电时间快速增加。具体而言，若该项目的捕集规模分别扩大至 50 万吨/年和 100 万吨/年，得到补贴后电力企业的增量收入水平与补偿发电时间之间的关系如图 6-2 所示。在 50 万吨/年的捕集规模下，1223h 的补偿发电时间可以使机组投资和运营碳捕集项目的成本被完全抵消；在 100 万吨/年的捕集规模下，该补偿发电时间提升至 2446h。考虑到每年机组基准利用时间为 5300h，若仅通过补贴时间的激励政策实现 100 万吨/年碳捕集项目的成本补偿，则机组全年的利用时间将达到 7746h，全年利用率达到 88.4%，远超目前的利用率平均水平。由此可见，单纯依靠发电时间补偿政策适用于激励企业早期开展小规模的 CCUS 示范项目，且对于电厂自身的发电盈利能力提出较高要求。

此外，发电时间补偿政策带来的收益依赖于电价。以西北某电厂为例，

---

[1]　国家发展改革委，国家能源局. 发展改革委 能源局关于印发《电力中长期交易基本规则》的通知 [EB/OL]. （2020-06-10）[2024-06-01]. https：//www.gov.cn/gongbao/content/2020/content _ 5532632.htm.

[2]　国家能源局. 2020 年全国电力工业统计数据 [EB/OL]. （2021-01-20）[2024-06-08]. ht-tps：//www.nea.gov.cn/2021/01/20/c _ 139683739.htm.

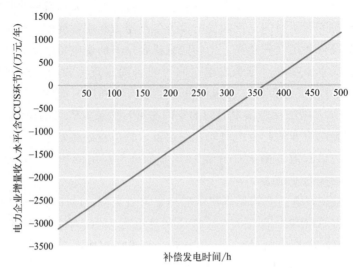

图 6-1　补偿发电时间与电力企业增量收入水平（捕集规模为 15 万吨/年）

其所在区域的上网电价为 0.251 元/（kW·h），而发电成本高达 0.5803 元/（kW·h）。上网电价无法覆盖发电的全部成本，导致在发电的过程中出现亏损，且随着发电时间的增加，亏损会随之增加。此时，发电时间补偿政策失效，无法发挥激励作用。

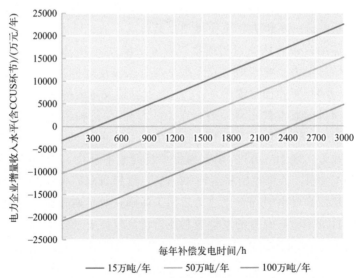

图 6-2　每年补偿发电时间与电力企业增量收入水平

6.1.2　上网电价补贴政策

上网电价是指电网购买发电企业的电力和电量，在其接入主网架位置的计量价格。上网电价补贴政策通常指政府对特定发电项目给予一定电价补贴，以确保其上网电价能够覆盖成本并获得合理收益[47]。这种补贴政策弥补了发电时间补偿政策的缺陷，有助于提升发电盈利能力，提高其市场竞争力。对于煤电 CCUS 技术研发和示范，针对机组全部发电量的上网电价进行适当补贴，可有效抵免电厂因开展 CCUS 试点而多承担的成本，提高电厂开展 CCUS 试点的积极性，从而激励 CCUS 项目投资。

同样以西北某煤炭电力公司 CCUS 项目为例，模拟上网电价补贴政策的激励效果。根据该公司 CCUS 项目基本参数测算，其捕集环节平准化 CO_2 成本约合 208.41 元/t。假定上网电价为 0.332 元/(kW·h)，度电成本为 0.19 元/(kW·h)，如果未进行上网电价补贴，则由投资 CCUS 项目而导致的净亏损（成本）约为每年 3126.18 万元。若为上网电价提供 0.01 元/(kW·h) 的补贴，则当发电设施的年利用时间为 5300h 时，发电企业可获得额外收入 3180 万元/年，可以覆盖碳捕集的投资和运行成本。随着补贴价格的升高，由补贴带来的额外收入线性增加，从而使得实施碳捕集的燃煤电厂收入净值同步线性增加（图 6-3）。在每年 15 万吨 CO_2 的规模下，当补贴价格为 0.00983 元/(kW·h) 时，机组投资和运营 CCUS 项目的成本可以恰好被完全抵消；当补贴价格高于此临界值时，电厂的碳捕集项目取得正的净收入。由此可见，上网电

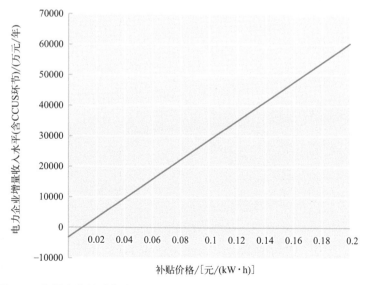

图 6-3　上网电价补贴与电力企业增量收入水平（捕集规模为 15 万吨/年）

价补贴政策可以取得较好的效果,能够有效激励燃煤电厂投资和运行 CCUS 项目,提高其实施碳捕集和利用的积极性,从而促进碳减排。

若捕集规模进一步扩大,则使得项目具备成本效益所需的上网电价补贴也将快速增加。具体而言,若西北某煤炭电力公司 CCUS 项目的捕集规模扩大至 50 万吨/年和 100 万吨/年,得到电力企业增量收入的变化与上网电价补贴价格的关系如图 6-4 所示。在 50 万吨/年的捕集规模下,当上网电价的补贴价格为 0.0328 元/(kW·h) 时,机组投资和运营 CCUS 项目的成本可以恰好被完全抵消;在 100 万吨/年的捕集规模下,当补贴价格为 0.0655 元/(kW·h)时,机组投资和运营 CCUS 项目的成本可以恰好被完全抵消。持续增加补贴水平将会提升煤电 CCUS 项目的盈利能力,因而该政策工具可以有效激励煤电企业的 CCUS 改造与运营,但会在一定程度上造成电力供应成本增加。对于更具代表性的西北某电厂,在 15 万吨/年的捕集规模下,当补贴价格为 0.0185 元/(kW·h) 时,机组投资和运营 CCUS 项目的成本可以恰好被完全抵消;在 50 万吨/年的捕集规模下,当上网电价的补贴价格为 0.0616 元/(kW·h) 时,机组投资和运营 CCUS 项目的成本可以恰好被完全抵消;在 100 万吨/年的捕集规模下,当补贴价格为 0.123 元/(kW·h) 时,机组投资和运营 CCUS 项目的成本可以恰好被完全抵消。与西北某煤炭电力公司相比,西北某电厂在上网电价补贴政策上所需补贴强度大幅提升,在 15 万吨/年、50 万吨/年以及 100 万

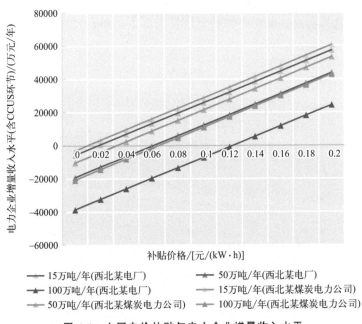

图 6-4　上网电价补贴与电力企业增量收入水平

吨/年等不同的捕集规模下，所需补贴强度上升了 87.86%，反映了所需补贴强度对电厂成本水平的敏感性。

6.1.3 绿色电力交易

(1) 绿色电力证书交易政策简介

绿色电力证书交易政策是一种旨在促进可再生能源发电的市场化机制。通过该政策，可再生能源发电企业可以将其生产的清洁电力转换为绿色电力证书（简称绿证），随后在专门的绿证交易平台进行交易。购买绿证的主体通常是电力用户或售电公司，通过购买绿证来证明其消费了一定量的可再生能源电力，满足环保要求或提升绿色形象❶。

目前，我国的绿证核发工作由国家可再生能源信息管理中心负责，核发对象主要为陆上风电和集中式光伏电站。一般而言，每张绿证代表 1MW·h 可再生能源电量（绿电）。在交易规模方面，绿证交易市场整体活跃度不高，根据中国绿色电力证书认购交易平台数据显示，截至 2022 年 1 月全国累计核发绿证 4013.56 万张，累计挂牌量 709.26 万张，占总核发数的 17.7%；累计交易量 102.03 万张，占总挂牌量的 14.4%。其中，补贴证书累计核发 3313.87 万张，累计交易量 7.88 万张；平价证书累计核发 699.69 万张，累计交易量 94.15 万张。

绿证与碳排放权交易市场之间存在紧密的关联性，在目标、功能、政策和国际合作等多个层面形成互补，共同构成了推动低碳经济和可持续发展的重要市场基础，成为促进风电、光伏等可再生能源发展的有力政策工具。此外，绿证自 2017 年正式推出以来，在实践层面也面临着一些挑战，具体体现在以下几个方面。

首先，绿证认证范围有待拓宽。一方面，绿证本质上是对绿色电力环境属性的外部化认证。现行的绿证核发范围仅包括陆上风电和集中式光伏电站，无法体现如 CCUS、海上风电、生物质能发电等其他清洁电力的环境属性。另一方面，由于其他可再生能源电力的外部环境属性暂时没有有效载体予以体现，对其参与绿色电力市场化交易造成了一定程度的阻碍，不利于其投资和进一步发展。

其次，绿证价格机制有待厘清。绿证机制出台的初衷是解决我国风电、光

---

❶ 国家发展改革委，财政部，国家能源局. 国家发展改革委 财政部 国家能源局关于试行可再生能源绿色电力证书核发及自愿认购交易制度的通知［EB/OL］.（2017-02-06）［2024-05-15］. https：//www. nea. gov. cn/2017-02/06/c_136035626. htm.

伏等新能源补贴项目的补贴资金来源问题。由于纳入补贴的项目补贴强度大，补贴证书价格维持在较高水平，给采购绿证的市场主体带来了一定的经济成本压力，促使市场主体放弃购买绿证，转而将交易价格远低于绿证的超额消纳量交易作为消纳责任权重考核补充方式的首选，抑制了存量绿证的市场需求。

最后，相关激励措施有待出台。目前，参与绿证自愿认购的企业主要是少数非电力密集型企业，或者是绿色环保意识较强的大公司（如加入 RE100 的跨国公司等）。这些市场主体从企业品牌战略、绿色发展理念、企业社会责任感等角度出发，具备较强的主动购买绿证动机。然而，仅仅依靠上述市场主体的需求并不足以支撑和激活整个绿证的自愿认购市场。现阶段，尚未有足够的激励措施提高企业自愿认购绿证的积极性。

综上，在实施碳捕集的燃煤电厂试点中参考推广绿证交易，有望拓展绿证认证范围、理顺价格机制、完善激励措施、扩大市场需求，有利于 CCUS 的快速发展。

（2）绿电交易对实施碳捕集电厂的激励效果模拟

本节以西北某煤炭电力公司燃煤机组为例，模拟绿证交易政策的激励效果。根据该公司 CCUS 项目基本参数测算，其捕集环节平准化 CO_2 成本约合 208.41 元/t，未经 CCUS 改造时，发电碳排放强度为 916g/(kW·h)。在未推行绿证交易政策时，由投资 CCUS 项目导致的亏损为每年 3126.18 万元。将 CCUS 项目发电纳入绿证交易后，可以通过绿证交易收益对 CCUS 项目成本进行补贴。经测算，绿证价格升高，由此带来的额外收入会随之线性增加，从而使得碳捕集收入净值也随之线性增加（图 6-5）。当绿证的价格为 0.191 元/(kW·h) 时，由低碳发电额外带来的绿色溢价收益可以完全抵消机组投资 CCUS 项目的成本；当绿证的价格高于此临界值时，电力公司的碳捕集净收入为正。绿证交易政策可以取得较好的效果，提高电力公司开展 CCUS 试点的积极性，有效激励 CCUS 项目投资。对于更具代表性的西北某电厂，当绿证的价格为 0.348 元/(kW·h) 时，由低碳发电额外带来的绿色溢价收益可以完全抵消机组投资 CCUS 项目的成本。与西北某煤炭电力公司相比，该电厂在绿证政策上所需强度大幅提升，临界证书价格上升了约 82.2%。

6.1.4 绿色金融

绿色金融是以促进经济、资源、环境协调发展为目的而进行的信贷、保险、证券、产业基金等金融活动[48]。在发达国家，与绿色金融相关的制度安排和绿色金融产品发展已有几十年经验，由此推动的绿色投资对这些国家的经

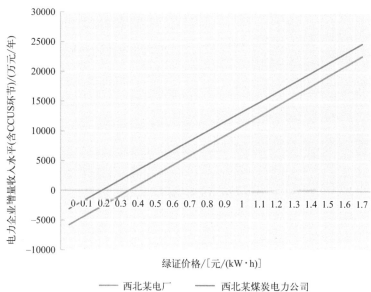

图 6-5　绿证价格与电力企业增量收入水平

济结构转型和培育新经济增长点起到了积极作用。2021 年 10 月，《中共中央国务院关于完整准确全面贯彻新发展理念做好碳达峰碳中和工作的意见》明确，要积极发展绿色金融，建立健全绿色金融标准体系等具体措施。中国人民银行还将"落实碳达峰碳中和重大决策部署，完善绿色金融政策框架和激励机制"列为重点工作，确立了"三大功能""五大支柱"的绿色金融发展政策思路。

实施绿色金融政策，一方面可以加速中国绿色产业培育和发展，另一方面也可以减轻直接补贴带来的国家财政负担。参考发达国家经验，许多发达国家金融机构在政府财税政策扶持下，结合市场需求，采取贷款额度、贷款利率、贷款审批等优惠措施，开发出针对企业、个人和家庭的绿色信贷产品。为解决绿色产业投资所需资金量大、融资难等问题，本节结合西北某煤炭电力公司燃煤机组碳捕集项目的实际情况，对不同贷款利率水平下的绿色信贷政策开展模拟（图 6-6）。

西北某煤炭电力公司实施绿色金融政策前，在 3.38% 的贷款利率水平下捕集系统总投资的平准化成本为 45.34 元/t，碳捕集项目的平准化成本为 208.41 元/t。当贷款利率下降 1% 时，即贴现率水平降为 2.38%，在此情景下碳捕集项目的平准化成本为 204.10 元/t，较实施绿色金融政策前下降了 4.31 元/t；当贷款利率下降 2% 时，即贴现率水平降为 1.38%，在此情景下全流程 CCUS 项目的平准化成本为 200.04 元/t，较实施绿色金融政策前下降了 8.37

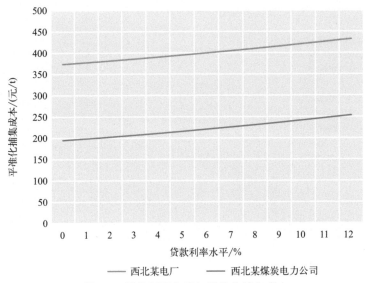

图6-6　贷款利率水平与平准化捕集成本

元/t。对于西北某电厂，当贷款利率下降1%时，即贴现率水平降为2.38%，在此情景下碳捕集项目的平准化成本为383.21元/t，较实施绿色金融政策前下降了4.31元/t；当贷款利率下降2%时，即贴现率水平降为1.38%，在此情景下碳捕集项目的平准化成本为379.15元/t，较实施绿色金融政策前下降了8.37元/t。在绿色金融政策方面，利率优惠对两家电厂平准化减排成本的影响无显著差异。绿色金融政策工具可在一定程度上降低全流程CCUS项目的平准化成本，因而可以激励煤电企业的CCUS改造与运营，提高电厂开展CCUS试点的积极性。但该政策工具仅能小幅度地降低全流程CCUS项目的平准化成本，对电厂的经济效益影响较小。所以需与其他政策工具（如发电时间补偿、上网电价补贴、绿证政策等）协同实施，才能有效提振企业投资信心，推进CCUS技术研发和示范。

6.1.5　碳定价政策

碳定价是一种政策工具，旨在通过市场机制将温室气体排放的环境成本转嫁给排放者，从而激励减排。碳定价政策的核心思想是使污染者为其排放的温室气体支付成本，以此推动经济主体采取更环保的行为和选择更清洁的技术[49]。碳定价主要有两种形式：一是碳税，即政府对企业的碳排放征税，提高企业的排碳成本，促使企业采取措施减少排放；二是碳排放交易机制，即政府设定总体的排放上限，然后向企业分配或出售排放配额。企业可以在市场上交易这些配额，从而为减排创造经济激励。碳定价政策的目的是通过经济手段促进低碳技术的发展和应用，推动能源结构的转型，帮助实现减缓气候变化目标。碳定价的有效实施可以为低碳发展提供稳定的市场信号，促进长期投资，并鼓励经济向低碳模式转型。

由于 CCUS 项目的捕集过程增加了能源消耗，捕集的 CO_2 并不能简单全部认定为减排量。根据西北某煤炭电力公司燃煤机组碳捕集项目基本参数测算，其捕集环节平准化 CO_2 成本约合 208.41 元/t，捕集过程的额外耗电量为 3440(MW·h)/年，发电碳排放强度为 916g/(kW·h)。在不考虑所耗蒸汽额外碳排放量的假设下，捕集过程中由电力消耗导致的额外碳排放约为 3.15 万吨/年。综合来看，该公司燃煤机组碳捕集项目的减排规模为 15 万吨/年，捕集过程中电力消耗所导致的额外碳排放约占总减排规模的 21%，由此计算得到碳捕集设施的 CO_2 净减排率为 79%。为了使得机组投资和运营 CCUS 项目的成本被完全抵消，碳价格水平需要达到 263.84 元/t。作为对比，对于西北某电厂，为了使得机组投资和运营 CCUS 项目的成本被完全抵消，碳价格水平需要达到 490.59 元/t。

6.2　煤电 CCUS 近中期政策机制组合模式及效果分析

在对政策措施的激励效果进行模拟分析的基础上，本节将深入探讨不同时间阶段内，政策工具协同作用下的政策组合模式，以西北某煤炭电力公司为例评估燃煤机组碳捕集项目平准化捕集成本的影响。根据实际调研情况，该公司的示范项目所捕集的 CO_2 主要通过当地经销商销售，目前市场价格约为每吨 100 元，为公司带来一定的碳收益。

考虑到政策工具随时间推移的演变，本节评估了 2025 年、2030 年和 2035 年三个关键年份的政策组合效果。结合现行的碳定价机制和电厂实际的碳捕集成本，做出以下基本假设：随着技术成熟度的提高，预计 2025 年、2030 年和 2035 年的 CO_2 平准化捕集成本将逐年下降。同时，预计随着全行业 CO_2 捕集技术的大规模推广，CO_2 的市场价格也将相应降低。此外，随着碳市场的逐步完善和相关机制的成熟，预计碳配额和绿证的价格将显著上升，从而提高 CCUS 技术的经济效益。同时也认识到将 CCUS 项目的核定减排量纳入碳市场和绿证政策在实施上存在一定的互斥性，因此本节将分别分析这两种不同情景下的影响。值得注意的是，虽然该公司存在煤电联营的优势，在碳捕集项目中展现出了显著的低成本特性，但这并不具有普遍性。为了更准确地反映行业平均水平，本节选择以西北地区的另一家电厂作为对比案例，进行成本测算和效果比较。

6.2.1 2025年多种政策组合情景的激励效果模拟

近期（2025年）的政策组合情景1见图6-7，基本假设条件如表6-1所示。CO_2可通过直接的商品销售获得100元/t的额外收益，按13%的税率，CO_2不含税商品销售价格约合88.50元/t；在碳市场中，通过碳配额交易可获得50元/t的额外收益，但由于在CCUS项目的捕集过程中增加了能源消耗，所以捕集的CO_2并不能全部认定为减排量，根据西北某煤炭电力公司燃煤机组碳捕集项目的基本参数测算得到捕集的CO_2中有效减排量比例为79%，则碳市场中的碳配额交易可获得约合39.50元/t的额外收益；贷款利率降低2%，即贴现率降为1.38%，碳捕集成本下降8.38元/t。以上政策组合可使该公司燃煤机组碳捕集项目的平准化捕集成本下降至72.05元/t。为了进一步促使机组投资和运营CCUS项目的成本被完全抵消，若实行发电时间补偿政策，需要补贴127h；或者对全机组发电量实行上网电价补贴政策，补贴电价为0.0034元/（kW·h）。

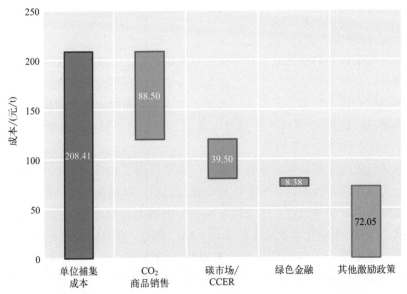

图6-7 政策组合分析（情景1，西北某煤炭电力公司，2025年）

CCER—国家核证自愿减排量

表 6-1 2025 年情景设定

情景 1	单位捕集成本	CO_2 市场销售	碳市场	绿色金融
	208.41 元/t	100 元/t	50 元/t	2%利率优惠
情景 2	单位捕集成本	CO_2 市场销售	绿电/绿证	绿色金融
	208.41 元/t	100 元/t	0.03 元/(kW·h)	2%利率优惠

对于西北某电厂，CO_2 平准化捕集成本为 387.52 元/t，以上政策组合可使燃煤机组碳捕集项目的平准化捕集成本下降至 251.15 元/t（图 6-8）。为了进一步使得机组投资和运营 CCUS 项目的成本被完全抵消，需对全机组发电量实行上网电价补贴政策，补贴电价为 0.012 元/(kW·h)。

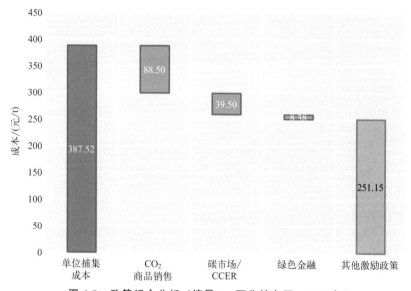

图 6-8 政策组合分析（情景 1，西北某电厂，2025 年）

近期（2025 年）政策组合情景 2 见图 6-9。CO_2 可通过直接的商品销售获得 100 元/t 的额外收益，按 13% 的税率，CO_2 不含税商品销售价格约合 88.50 元/t；绿证的价格设定为 0.03 元/(kW·h)，约合 32.75 元/t 的额外收益；贷款利率降低 2%，即贴现率降为 1.38%，碳捕集成本下降 8.38 元/t。以上政策组合可使该公司燃煤机组碳捕集项目的平准化捕集成本下降至 78.79 元/t。为了进一步促使机组投资和运营 CCUS 项目的成本被完全抵消，可给予 139h 的发电时间补偿政策；或者对全机组发电量实行上网电价补贴政策，补贴电价为 0.0037 元/(kW·h)；或者碳配额市场价格水平达到约 100 元/t。

对于西北某电厂，CO_2 平准化捕集成本为 387.52 元/t，以上政策组合可使燃煤机组碳捕集项目的平准化捕集成本下降至 257.2 元/t（图 6-10）。为了进一步使得机组投资和运营 CCUS 项目的成本被完全抵消，需对全机组发电量实行上网电价补贴政策，补贴电价为 0.0123 元/(kW·h)。

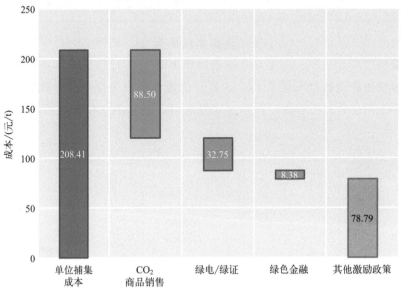

图 6-9　政策组合分析（情景 2，西北某煤炭电力公司，2025 年）

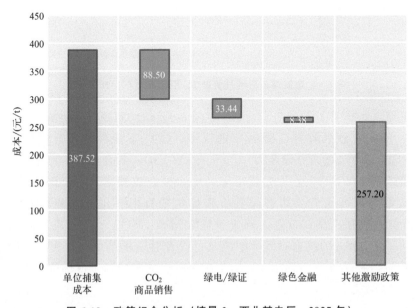

图 6-10　政策组合分析（情景 2，西北某电厂，2025 年）

6.2.2 2030 年多种政策组合情景的激励效果模拟

中期（2030 年）政策组合情景 1 见图 6-11，基本条件如表 6-2 所示。CO_2 平准化捕集成本降为 181.32 元/t；CO_2 可通过直接的商品销售获得 80 元/t 的额外收益，按 13% 的税率，CO_2 不含税商品销售价格约合 70.80 元/t；在碳市场中，通过碳配额交易可获得 100 元/t 的额外收益，但由于在 CCUS 项目的捕集过程中增加了能源消耗，所以捕集的 CO_2 并不能全部认定为减排量，根据西北某煤炭电力公司燃煤机组碳捕集项目的基本参数测算得到捕集的 CO_2 中有效减排量比例为 78.99%，则碳市场中的碳配额交易可获得约合 78.99 元/t 的额外收益；贷款利率降低 2%，即贴现率降为 1.38%，每吨碳捕集成本下降 8.38 元。以上政策组合可使该公司燃煤机组碳捕集项目的平准化捕集成本下降至 23.16 元/t。为了进一步促使机组投资和运营 CCUS 项目的成本被完全抵消，可实行发电时间补偿政策，对该项目补贴 41h；或者对全机组发电量实行上网电价补贴政策，补贴电价 0.0011 元/(kW·h)。

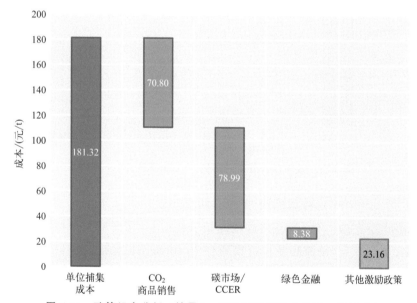

图 6-11 政策组合分析（情景 1，西北某煤炭电力公司，2030 年）

表 6-2 2030 年情景设定

	单位捕集成本	CO_2 市场销售	碳市场	绿色金融
情景 1	181.32 元/t	80 元/t	100 元/t	2% 利率优惠

情景 2	单位捕集成本	CO₂ 市场销售	绿电/绿证	绿色金融
	181.32 元/t	80 元/t	0.05 元/(kW·h)	2%利率优惠

对于西北某电厂，CO_2 平准化捕集成本降为 337.14 元/t，以上政策组合可使燃煤机组碳捕集项目的平准化捕集成本下降至 178.98 元/t（图 6-12）。为了进一步促使机组投资和运营 CCUS 项目的成本被完全抵消，需对全机组发电量实行上网电价补贴政策，补贴电价为 0.00853 元/(kW·h)。

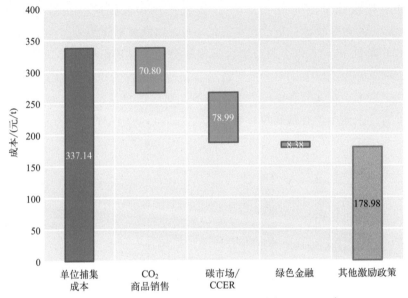

图 6-12   政策组合分析（情景 1，西北某电厂，2030 年）

中期（2030 年）政策组合情景 2 见图 6-13。CO_2 平准化捕集成本降为 181.32 元/t；CO_2 可通过直接的商品销售获得 80 元/t 的额外收益，按 13% 的税率，CO_2 不含税商品销售价格约合 70.80 元/t；绿证的价格设定为 0.05 元/(kW·h)，约合 54.49 元/t 的额外收益；贷款利率降低 2%，即贴现率降为 1.38%，碳捕集成本下降 8.38 元/t。以上政策组合可使该公司燃煤机组碳捕集项目的平准化捕集成本下降至 47.56 元/t。为了进一步促使机组投资和运营 CCUS 项目的成本被完全抵消，可给予电厂约 84h 的额外发电时间补偿政策；或者对全机组发电量实行上网电价补贴政策，补贴电价 0.0022 元/(kW·h)；或折合碳市场价格约为 60 元/t。

对于西北某电厂，CO_2 平准化捕集成本降为 337.14 元/t，以上政策组合

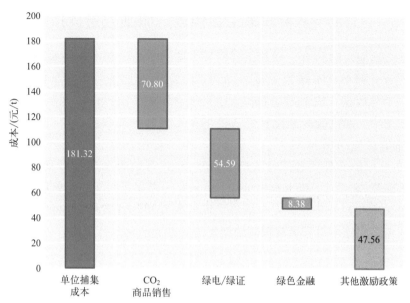

图 6-13　政策组合分析（情景 2，西北某煤炭电力公司，2030 年）

可使燃煤机组碳捕集项目的平准化捕集成本下降至 202.23 元/t（图 6-14）。为
了进一步促使机组投资和运营 CCUS 项目的成本被完全抵消，需对全机组发
电量实行上网电价补贴政策，补贴电价为 0.00964 元/(kW · h)。

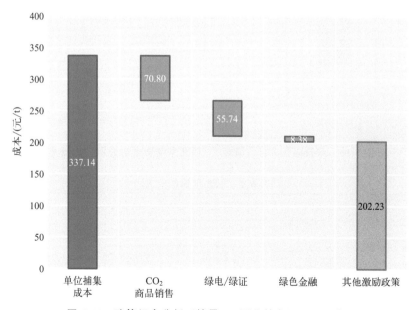

图 6-14　政策组合分析（情景 2，西北某电厂，2030 年）

6.2.3 2035年多种政策组合情景的激励效果模拟

展望远期（2035年）政策组合情景1见图6-15，基本条件如表6-3所示。CO_2平准化捕集成本降为156.31元/t；CO_2可通过直接的市场销售获得60元/t的额外收益，按13%的税率，CO_2不含税商品销售价格约合53.10元/t；在碳市场中，通过碳配额交易可获得150元/t的额外收益，按当前技术水平核算捕集设施净减排率78.99%测算，碳市场中的碳配额交易可获得约合118.49元/t的额外收益；贷款利率优惠2%，即贴现率降为1.38%，碳捕集成本下降8.38元/t。以上政策组合可使该公司燃煤机组碳捕集项目获得23.65元/t的平准化额外收益，完全抵消了机组投资和运营碳捕集项目的成本，届时燃煤电厂实施全口径大规模碳捕集将迈入准商业化运行阶段。

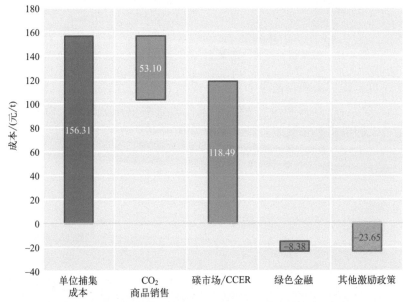

图6-15 政策组合分析（情景1，西北某煤炭电力公司，2035年）

表6-3 2035年情景设定

	单位捕集成本	CO_2市场销售	碳市场	绿色金融
情景1	156.31元/t	60元/t	150元/t	2%利率优惠
	单位捕集成本	CO_2市场销售	绿电/绿证	绿色金融
情景2	156.31元/t	60元/t	0.07元/(kW·h)	2%利率优惠

对于西北某电厂，CO_2 平准化捕集成本降为 290.64 元/t，以上政策组合可使燃煤机组碳捕集项目的平准化捕集成本下降至 110.68 元/t（图 6-16）。为了进一步促使机组投资和运营 CCUS 项目的成本被完全抵消，需对全机组发电量实行上网电价补贴政策，补贴电价为 0.00527 元/(kW·h)。

展望远期（2035 年）政策组合情景 2 见图 6-17。CO_2 平准化捕集成本降为 156.31 元/t；CO_2 可通过直接的商品销售获得 60 元/t 的额外收益，按 13% 的税率，CO_2 不含税商品销售价格约合 53.10 元/t；绿证的价格设定为 0.07 元/(kW·h)，约合 76.42 元/t 的额外收益；贷款利率降低 2%，即贴现率降为 1.38%，碳捕集成本下降 8.38 元/t。以上政策组合可使该公司燃煤机组碳捕集项目的平准化捕集成本下降至 18.42 元/t，实施碳捕集后的净额外成本下降到较低水平。

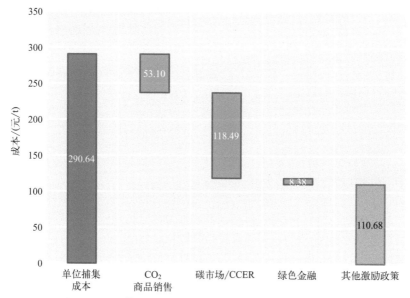

图 6-16　政策组合分析（情景 1，西北某电厂，2035 年）

对于西北某电厂，CO_2 平准化捕集成本降为 290.64 元/t，以上政策组合可使燃煤机组碳捕集项目的平准化捕集成本下降至 151.13 元/t（图 6-18）。为了进一步促使机组投资和运营 CCUS 项目的成本被完全抵消，需对全机组发电量实行上网电价补贴政策，补贴电价为 0.0072 元/(kW·h)。

政策组合的效果如图 6-19 所示。综合来看，在所有情景下，随着时间推移政策组合将促进成本降低。其中情景 1 相比情景 2 可以节省更多的成本，这说明碳市场政策可能比绿电/绿证政策具有更强的激励作用。此外，西北某电厂在政策效果方面与西北某煤炭电力公司相近。

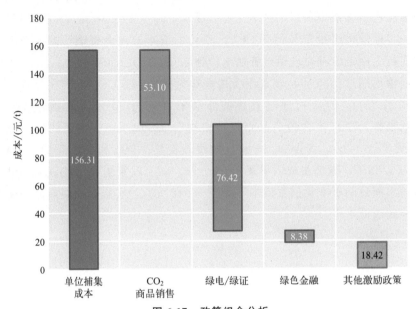

图 6-17　政策组合分析

（情景 2，西北某煤炭电力公司，2035 年）

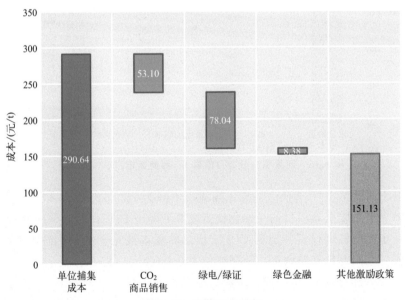

图 6-18　政策组合分析

（情景 2，西北某电厂，2035 年）

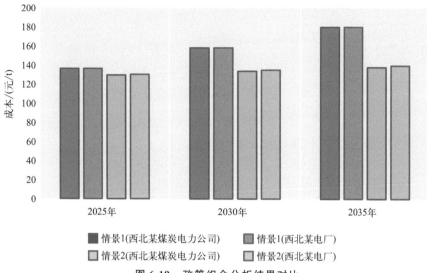

图 6-19　政策组合分析结果对比

煤电CCUS产业化政策路径设计

政策模拟评估虽然能明确不同政策工具组合对煤电 CCUS 项目经济性的具体影响，但是推动煤电 CCUS 产业的长期发展还需统筹考虑不同的政策工具、明确产业发展不同阶段的具体特征，在明确的设计思路下构建政策体系。因此，本章系统地设计了针对煤电 CCUS 的综合性政策体系。首先，回顾和总结全球范围内的 CCUS 政策经验，针对中国煤电 CCUS 产业发展的实际情况和需求，提出具有针对性的政策设计思路和框架。随后，本章详细探讨政策框架中各个元素的设计原则和实施策略，明确包括宏观支持、财税金融、市场机制、管理体系及技术研发等方面的具体政策建议以及政策适用性特征。

7.1　煤电 CCUS 政策体系设计思路

推动煤电结合 CCUS 发展是在中国立足国情的基础上实现碳中和的必然发展方向，同时煤电结合 CCUS 发展将是一项长期性任务。中国在"双碳"背景下对煤电 CCUS 的发展和利用是具有长期性、复杂性特征的系统工程。仅仅依靠煤电产业的自我转型与 CCUS 技术的演化更新，必然难以协调实现"碳中和"目标的各阶段任务，最终使煤炭在能源系统中"压舱石"的作用受到挑战。正因为煤电结合 CCUS 发展具有必要性和紧迫性，推动这一产业的高质量发展应当受到政策层面的进一步关注。为此，有必要针对煤电 CCUS 发展构建完整有效的综合性政策体系支撑框架，利用政策工具激励煤电 CCUS 产业的增长潜力，促进产业发展的"提速"与"增效"，从而保证煤电 CCUS 在碳中和目标推进过程中充分发挥作用。

7.1.1　煤电 CCUS 政策体系框架设计思路

在设计煤电 CCUS 政策体系框架时，需要把握煤电 CCUS 的国际发展经验和面临的现实挑战。具体设计思路如图 7-1 所示。

图 7-1　煤电 CCUS 政策体系框架设计思路

首先，梳理相关国际 CCUS 政策经验，立足于中国煤电 CCUS 发展面临的潜在阻碍，找出解决这些阻碍的国际经验，并把握政策实施可能遇到的难点与痛点；其次，概括总结当前国内 CCUS 支持政策，结合中国煤电 CCUS 现有发展情况，理解现有政策的实施强度和有效程度，将其作为制定完整政策框架体系的现实政策基础；再次，明确煤电 CCUS 顶层设计要求，将顶层要求与现实需要相结合，借鉴其他产业政策的类似框架，制定政策体系的大致框架；最后，分析政策在碳中和不同阶段的布局重点，多角度多方面完善煤电 CCUS 政策体系。通过遵循上述政策设计思路，最终构建出完整的煤电 CCUS 政策支撑框架体系。

7.1.2　煤电 CCUS 政策体系框架的原则把控

除了要遵从上文中介绍的科学的设计思路外，在构建政策支撑体系框架时，还应该坚持多个方面的设计原则，以充分应对中国煤电 CCUS 发展过程中可能面临的阻碍，保证政策支撑框架体系具有落实空间、能够展现良好效果。综合考虑政策在实施过程中的步骤、规划与目的，可将煤电 CCUS 政策框架体系需要把控的各个方面总结为以下重要原则。

第一，政策体系支撑框架应当具有全局性。全局性指的是煤电 CCUS 政策支撑体系应当有针对"双碳"的通盘考虑，因此，在设计煤电 CCUS 政策体系时，不能就煤电谈煤电，而应该结合碳中和背景下整体能源结构转型的路径要求，充分考虑煤电结合 CCUS 的发展空间及可能遇到的系统性挑战阻碍。

第二，政策体系支撑框架应当具有前瞻性。前瞻性指的是煤电 CCUS 政策体系应当领先于产业发展现实，实现提前的政策布局。因此，政策体系框架设计有必要充分研判不同阶段的煤电 CCUS 发展路径，提供前瞻性的政策体系安排。尤其是对来自内外部不可预料的可能挑战，相关政策体系应该具有灵活的政策工具加以应对。

第三，政策体系支撑框架应当具有丰富性。丰富性指的是综合性政策体系支撑框架应当包括一揽子的政策工具，不仅要考虑发展前期的财税支持工具，还要考虑发展后期更多依赖的市场化机制，包括但不限于补贴、税收优惠、绿色金融支持、电力市场化改革、碳定价机制等。同时，丰富性还应当体现在，使不同的政策工具实现有机组合，明确利用方向。

第四，政策体系支撑框架应当具有针对性。针对性是指相关政策体系构建应突出煤电 CCUS 发展特点及趋势，而非简单复制其他产业的政策支持路径。煤电 CCUS 发展不同于以往风、光、氢能等新兴产业，而是与现有煤电紧紧捆绑在一起。这要求政策体系不仅要考虑其作为新兴产业的政策需求，还要考虑煤电转型的现实需求。

第五，政策体系支撑框架应当具有有效性。有效性是指构建的政策框架体系应当是行之有效的，提供的政策建议并不是口号式的政策空谈。这一点和丰富性类似，重点强调不同政策工具能够有效落地，尤其是不同阶段的规划目标、支持政策应该是详细具体的，政策指标体系可供相关投资主体参考。

第六，政策体系支撑框架应当具有实践性。实践性是指政策体系中包括的政策工具具有可实践性。换言之，相关政策应当确保具有一定实施经验，拥有充足实施空间，并能形成可扩展的政策模式，为政策体系的动态优化完善提供切实可靠的经验参考。这就要求提供的综合性政策体系支撑框架中，政府层面有对应财政能力、实施途径保障政策实施。

7.1.3 煤电 CCUS 综合性政策体系支撑框架建设

本节基于前述章节所呈现的设计与规划思路，在总结国际经验、借鉴现有政策、领会顶层设计、明确发展阶段、遵循客观现实的基础上，初步构建了煤电 CCUS 综合性政策支撑框架。从碳中和目标的全局性出发，立足煤电 CCUS 规模化发展的阶段性特点，形成容纳宏观支持、财税金融、市场机制、管理体系、技术研发等多个政策方向的完整体系化布局。

（1）综合性政策体系设计

构建综合性政策体系支撑框架，应当把握全局性，首先应当立足于中国力争 2030 年前实现碳达峰、2060 年前实现碳中和的既定任务。因此，应当明确煤电 CCUS 作为碳中和目标推进过程中的重要手段，在"碳中和"不同阶段中应当发挥不同作用。具体而言，在实现碳达峰前，中国"双碳"目标的整体重心在于尽可能实现较低的碳排放峰值，因此煤电的作用与定位仍旧强调电力供应方面，主要任务是为中国经济社会发展提供廉价、高效的能源服务。在碳达峰后，中国"双碳"目标的整体重心转向"减碳"工作。煤电由于排放量巨大，在中国实现碳中和进程中面临的减排任务严峻；同时煤电在中国电源结构中占据核心地位，受限于电力供应的刚性需求以及经济社会发展引发的电力需求增长，煤电在致力于"减排放"的同时还必须"保供应"，尽可能避免由退煤导致的缺电现象。这就使得碳达峰后，中国煤电机组应当逐步降低利用频率，使煤电机组成为调峰电源、备用电源，但不能直接采取关停的方式降低碳排放，并且尽可能降低煤电的碳排放规模。在全国碳中和的时间节点前，中国的煤电系统要能够率先实现自身的碳中和。

在明确"双碳"两个任务阶段中国煤电面临的形势与任务的基础上，可以理解煤电进行 CCUS 改造的必要性与阶段性。为了实现碳中和的同时保证电力稳定供应，煤电机组应当按照其建设时间逐渐退役，并在电力系统中保留一定比例。在煤电继续出力的过程中，碳排放将不可避免，因此必须为此部分碳排放寻找释放空间，这便是对煤电进行 CCUS 改造的必要性。煤电进行 CCUS 改造后，能够妥善地封存或利用煤电产生的碳排放，避免其在大气中释放，使燃煤电厂的电力供应过程实现"零碳排放"。而煤电进行 CCUS 改造必然进一步增加煤电电力供应的成本，使煤电总成本高于电力市场价格，煤电 CCUS 产业难以在单纯的市场条件下实现快速发展。为了使煤电结合 CCUS 的方式能够在中国碳中和进程中发挥关键作用，必须使煤电 CCUS 产业在碳中和时间点前实现完全商业化运营。而当前煤电 CCUS 产业尚处于发展的萌芽期，相关技术仍不成熟、完整的产业链尚未形成，这就使得煤电 CCUS 产业必须分阶段进行推动与发展。

在 2030 年实现碳达峰前，中国煤电 CCUS 产业将处于产业化培育阶段。这一阶段主要强调规划与示范，是煤电 CCUS 产业发展的引导环节。具体而言，产业化培育阶段应当综合判断各地成本和形成产业集群的潜力，在此基础上形成对煤电 CCUS 产业集群区域的规划安排，并且选取规划区域内重点电厂实现最大捕集能力示范，示范性规模化，打通全链条 CCUS 工程装备和技术能力。也就是说，在碳达峰前，中国煤电 CCUS 产业主要通过示范项目的方式为产业大规模发展提供经验支持，通过保障规划的科学性、完备性以及示范项目的有效性、针对性，能够实现由点及面的效果，形成对产业链的初步把握，明确煤电 CCUS 的成本弱项。

在 2030 年实现碳达峰后，中国 CCUS 产业将进入规模化推广阶段。基于产业化培育阶段形成的经验与成果，改进对煤电 CCUS 产业的整体布局与规划，综合判断各地成本和形成产业集群的潜力，在此基础上形成对煤电 CCUS 产业集群区域的细化安排。随后，基于示范经验，形成多维度煤电 CCUS 商业模式，理顺煤电 CCUS 应用场景，推进煤电 CCUS 改造进程。通过改造，可以推动煤电 CCUS 全产业链建设，从而形成多个煤电 CCUS 产业集群，完成煤电 CCUS 的广泛部署，使煤电 CCUS 发挥其在碳中和进程中的作用。这一阶段的完成主要取决于 CCUS 技术水平的发展速度以及煤电在电力系统供应中的角色定位，完成时间越早则越有助于尽快实现煤电产业碳中和目标。

在 2060 年碳中和目标实现前，煤电 CCUS 产业应当实现产业的完全商业化运营。在此之前，煤电 CCUS 产业已经相对完备，形成了完整的产业链，具有规模化特征。但考虑到煤电 CCUS 产业的成本可能难以完全释放，即使实现了产业规模化发展，煤电 CCUS 产业也仍有可能存在成本收益缺口，使产业的商业化运营受到限制。因此，煤电 CCUS 产业发展应当进入市场化发展阶段，这一阶段主要强调提升煤电 CCUS 产业的成本竞争力，在实现 CCUS 的广泛部署和区域新业态基础上，通过推广新型商业模式、发挥市场机制作用，实现煤电 CCUS 产业集群的低成本化，保证煤电 CCUS 具有内源性成本竞争力。最终，使煤电 CCUS 产业能独立盈利、独立发展，并在能源保障、能源安全中发挥作用。

因此，立足于煤电 CCUS 阶段规模化发展情况，煤电 CCUS 在不同阶段具有不同的历史任务。培育阶段主要是通过示范项目实现产业链的初步建设；推广阶段主要是基于细致的改造安排、集群安排、产业安排，逐步推进改造，保证进程的有序，逐步形成产业集群；市场阶段则强调通过商业模式优化的方式提升煤电 CCUS 的竞争能力，使产业的长期发展得到保障。基于不同阶段煤电 CCUS 的任务与目标可以明确，实现煤电 CCUS 产业长期发展必然需要充分完备的政策支持。总结国内外产业发展政策经验，基于对中国煤电 CCUS 技术、产业发展路径与目标的理解，结合具有可利用性的产业支持政策工具，可以构建出中国煤电 CCUS 综合性政策体系支撑框架，如图 7-2 所示。

（2）宏观支持政策设计

煤电产业作为中国能源产业的关键部分，具有全局性、整体性的特点，因此，仅仅出台基于地区或部分企业的政策将难以实现产业的长期发展。与储能、氢能等新兴清洁能源产业类似，中国的煤电 CCUS 产业也应当构建自上而下的政策支持体系，这也就要求综合性政策体系支撑框架中的首个政策模块应当是宏观支持政策模块。宏观支持政策的主要目的是从政策层面明确中国煤电 CCUS 产业发展的阶段性目标，将发展目标与产业现实联系起来。因此，宏观支持政策应当基于"产业化培育初期-规模化推广发展-全面市场化发展"的产业发展阶段布局政策思路，从战略目标、战略定位、明确政策工具适用范围等方面为煤电 CCUS 产业提供基础性政策支持，并根据产业发展的不同阶段进行动态调整。

具体而言，在煤电 CCUS 的产业化培育阶段，针对"规划"和"示范"两项重要任务，应当分别采取"明确目标"与"鼓励创新"的方式从根本上实现推动。国家应当在碳中和的整体战略框架下，明确煤电 CCUS 的战略定位，基于科学研判，评估具有潜力的产业集群区域，明确不同地区、不同时段下煤电 CCUS 发展的目标，为煤电 CCUS 产业发展提供纲领性指导；而在推动示范方面，应当理解煤电 CCUS 产业发展的长期性和复杂性，坚持创新理念，鼓励积极参与示范项目的企业单位、鼓励示范项目采取创新型技术和创新型运营模式，从而通过示范项目获得多个方面、多种技术路径、多种发展模式的经验总结，掌握产业发展弱项。

进入煤电 CCUS 产业的规模化推广阶段后，宏观支持政策也应当根据这一阶段的产业发展任务进行相应调整。同样，针对规模化推广阶段的"改进""推广""集群"三个工作重心，应当对应出台三个方面的宏观支持政策。对于促进煤电 CCUS 产业集群布局及规划安排的改进，宏观支持政策应基于对

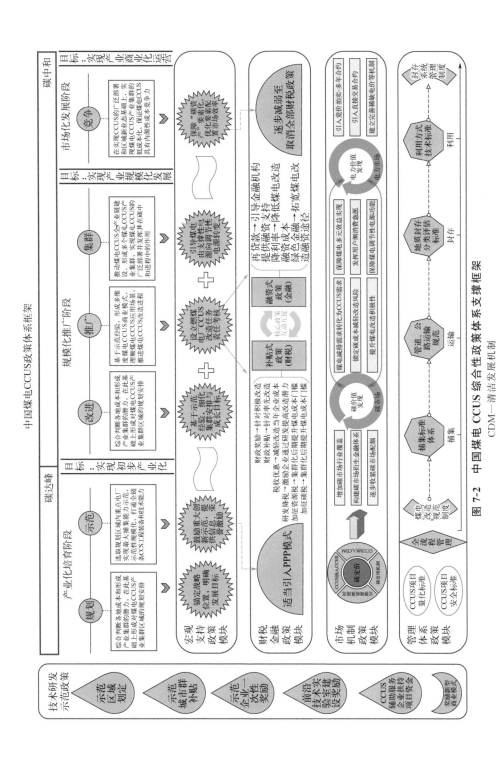

图 7-2　中国煤电 CCUS 综合性政策体系支撑框架

117

示范经验的总结，在前期战略发展目标的基础上，进一步细化不同集群的发展安排及目标。为推动这一阶段尽快实现燃煤电厂的 CCUS 改造，应当对改造任务制定责任考核机制，并建立起完善的煤电 CCUS 改造的制度体系，鼓励利用社会资本、国有资本支撑煤电 CCUS 产业发展，从而保证改造和发展过程"有则可依""有责必担""有困能解"。煤电 CCUS 的改造建设进程将提升全产业链的规范性与有效性，从而逐步形成完备的产业集群，此时煤电在国民经济中的定位也将逐步发生转变，由主体电源逐步向备用电源转变，而这一转变难以依靠煤电产业自发性实现，因此宏观支持政策应当在推动产业集群的过程中出台相关制度，引导煤电由支撑性电源向调节性电源转变。

实现煤电 CCUS 产业规模化发展后，煤电的利用属性会发生变化。彼时产业集群虽然已经建立，但受限于 CCUS 的高成本约束，煤电＋CCUS 仍然有可能存在营利性差等问题。此时，宏观支持政策应当进行积极调整，逐步减轻对煤电 CCUS 的专项支持，转而通过提升市场效率的方式促进产业竞争力的提升。CCUS 所减少的碳排放应当逐步实现"要素化"，拓宽 CCUS 产业利用场景与运营模式，推广产业集群建设过程中形成的多种煤电 CCUS 商业模式，鼓励竞争与创新，促进煤电 CCUS 产业脱离政策扶持，形成独立的成本竞争能力。

（3）财税金融政策设计

在宏观支持政策下，推动煤电 CCUS 产业的发展必然需要更为直接的政策工具实现资源的优化配置。从政府角度而言，推动产业发展的直接刺激手段以财政税收政策为主，同时可以通过引入金融政策、优化金融系统的方式实现对产业发展的激励。针对煤电 CCUS 产业的不同发展阶段，同样应当制定区别化的财税金融政策以推动宏观支持政策的有效贯彻。

对于产业化培育阶段，这一阶段主要关注示范项目，制定大规模、专门化的财税金融政策容易造成资源浪费，同时财税金融政策发挥作用的空间相对较小。因此，在这一阶段，财税金融政策方面可以适当引入 PPP（政府和社会资本合作）模式，实现政企合作，共同拓展煤电 CCUS 改造的流程，实现在政府指导下，针对性地开展示范项目。

财税金融政策的主要利用空间在煤电 CCUS 发展的规模化推广阶段。由于规模化推广阶段中，中国的燃煤电厂将陆续进行 CCUS 改造，同时煤电 CCUS 产业链将逐步建立。作为相对新兴的产业，其项目建设风险较大、项目收益不确定性明显、项目融资成本和融资难度较高。因此，在这一阶段应当采取强有力的财税金融政策，实现资源对煤电 CCUS 产业的倾斜。

就财税政策而言，应当强调对煤电 CCUS 的补贴式支持，借鉴新能源产业发展过程中的优势经验，通过补贴式财税政策，降低企业经营风险、提升项目盈利能力、增加全产业链上的企业积极性。具体可以采取的财税政策手段有：针对积极进行煤电 CCUS 改造的项目或企业实施财政奖励，鼓励改造；针对率先改造及创新改造模式的燃煤电厂改造项目实施财政补贴支持，提升改造效率；对燃煤电厂改造当年或连续几年内，实施较为优惠的税收政策，通过税收优惠降低企业改造过程中的固定资产成本，降低煤电 CCUS 发展中的成本风险；由于不同燃煤电厂所处地理环境、社会环境不同，所具有的 CCUS 改造潜力亦有所差异，因此，通过研发降税的方式，鼓励改造潜力较低的燃煤电厂通过研发提升改造潜力、降低改造成本；针对煤电 CCUS 建设完成后的企业，实施补充激励，若企业商业绩效良好，形成了完善的煤电 CCUS 商业模式，则可以通过定向退税的方式鼓励其他企业的类似转型。除上述激励性质的财税政策手段之外，在推动煤电 CCUS 集群化、规模化发展过程中必然会碰到各方面阻力，因此仍有必要出台一些具有交叉补贴性质的财政税收政策。加征资源税和加征碳税是重要的两种手段，通过对煤电企业加征资源税和碳税，能够提升煤电企业的纳税成本，从而提升企业电力生产的总成本，倒逼企业开展 CCUS 改造。

在推动实现煤电 CCUS 产业规模化发展的过程中，提高煤电企业融资能力，激活社会资本对产业的支持作用能够起到和财税政策类似的效果，同时减轻政府的财政压力。对于煤电 CCUS 产业而言，能够推动提升其融资效率的政策可以从三个方面展开：①通过再贷款的形式，由央行引导各商业银行开展专项贷款业务，为煤电企业转型以及 CCUS 改造提供融资支持，减轻煤电企业改造当年或数年内的现金流压力；②通过定向降息的方式，将直接形式的财政补贴或财政优惠转化为融资过程中的低利率优惠，降低煤电 CCUS 改造的融资成本；③积极构建容纳煤电 CCUS 产业发展的绿色金融体系，绿色金融聚焦于具有绿色绩效的融资项目，将煤电 CCUS 产业作为绿色金融体系中的服务产业之一，能够进一步拓宽煤电 CCUS 改造项目的融资途径，提升融资便利度。

当煤电 CCUS 产业进入市场化发展阶段后，财税金融政策应当与宏观支持政策协同，强调通过市场化的方式推动产业发展。因此，在上一阶段为煤电 CCUS 产业提供的优惠信贷、专项补贴等财税政策应当逐步退坡。退坡过程应当循序渐进，结合不同地区的产业集群潜力及成本规模，有序减弱直到取消全部的财税政策，使煤电 CCUS 产业成为具有独立供血能力的成熟化、市场化产业。

（4）市场机制政策设计

在宏观政策支持的指导下，推动煤电 CCUS 产业发展还需要依靠市场机制政策。这是因为目前碳减排的资产性质不强，煤电实现 CCUS 改造的积极性不高，仅仅通过直接的财税金融政策推动，仍旧无法有效提升产业活力；并且由于 CCUS 建设成本及运营成本较高，缺少市场机制的激励作用，将使财税金融政策的压力激增，难以保证政策实施的有效性。因此，市场机制政策模块同样是煤电 CCUS 产业发展过程中的重要政策支撑内容。

具体而言，煤电 CCUS 产业的发展主要涉及两个市场，即碳市场与电力市场。碳市场机制能够为煤电 CCUS 产业的碳减排量提供价值，而电力市场机制则能够为煤电 CCUS 产业的电力供应提供价值。保证碳减排量和电力供应两个方面的价值才能够为煤电 CCUS 产业提供发展空间，激发产业增长活力。

碳定价是煤电 CCUS 产业在碳市场机制政策方面需要首先解决的关键问题。在不干涉碳排放状况下，电力生产导致的碳排放会不加节制地排放到环境中；引入政策约束、减排激励后，煤电企业通过提升生产效率等方式降低碳排放规模后，剩余部分仍将继续排放到环境中；而只有引入碳定价后，碳排放量才会成为煤电企业的负资产，当通过其他手段或购买碳配额的成本大于企业通过 CCUS 减排的成本时，煤电企业才有可能主动进行 CCUS 改造。针对煤电 CCUS 产业构建完整的碳定价机制，需要分步完善四个方面的内容：①完善碳核算规范，为企业碳排放规模提供准确、合理、高效的核算准则，夯实碳定价基础；②将 CCUS 减排量纳入国家核证自愿减排量（CCER）中，使企业通过 CCUS 改造能够获得对碳排放配额清缴的抵消权，使减排量对企业产生正收益；③将 CCUS 纳入清洁发展机制（CDM），使企业通过 CCUS 实现的减排量具有长效收益和跨国收益，增加 CCUS 减排量的价值利用途径；④逐步构建有效的碳信用机制，使企业进行煤电 CCUS 改造能够实现灵活减排，并保证改造成果。形成相对完整的碳定价体系后，能够将 CCUS 减排量逐步引入全国统一的碳排放交易权市场中，使企业通过 CCUS 减排与购买碳配额绑定，从而能够利用碳市场机制引导煤电企业进行 CCUS 改造。在煤电 CCUS 产业进入规模化推广阶段后，中国的碳市场应当进行更为深入的调整与变革。通过增加碳市场的行业覆盖规模，将煤电自身的减排需求转化为 CCUS 改造需求；通过构建碳市场的衍生金融体系，使煤电企业能够利用碳金融衍生产品锁定碳成本，以更低的风险完成 CCUS 改造；通过逐步收紧碳市场配额，倒逼企业进行煤电 CCUS 改造。最终，基于碳定价形成的完备的碳市场体系将成为煤电 CCUS 产业发展的重要推动工具。

电力市场的主要作用在于推动产业集群的实现与保障产业的可持续性，是贯彻宏观支持政策中引导煤电定位转变的重要市场性政策手段。随着电源结构中风电、光伏等可再生能源的大比例接入，以及煤电利用率水平的逐步下降，煤电的功能定位应当逐渐发生变化。煤电原有的支撑性电源作用，应当逐渐向灵活性电源、备用性电源转变。实现煤电在电源结构中定位的调整，有助于降低煤电 CCUS 的整体运行成本，延长煤电在电源利用中的寿命。因此，应当构建有助于煤电 CCUS 产业长期发展的电力市场，核心在于逐步调整煤电的价值价格机制。可行的方式包括：①通过引入竞价拍卖-多年合约的方式，保障煤电多元效益的实现；②通过引入直接交易合约的方式，发挥用户侧消费意愿在煤电供应中的作用；③建立完善稀缺限价机制，通过价格保护机制，保障煤电调节性电源的功能定位，提升煤电在调峰调频中的出力积极性。

（5）管理体系政策设计

单纯从政策层面强调对煤电 CCUS 产业的推动，容易使产业内部存在发展的不稳定性因素。不同企业实现煤电 CCUS 改造可能采取差异化的流程规范、项目准则等，最终使产业链建设缺少统一化，影响煤电 CCUS 产业发展的统筹性和一体化。同时，煤电 CCUS 作为新兴产业，成熟的商业模式尚未完全建立，建设、维修、设备、运营等产业各阶段均缺少统一准则，增加了企业的建设经营风险。因此，在煤电 CCUS 产业发展的各个阶段，都应当建立起有效的管理体系政策，将煤电 CCUS 产业涉及的技术门槛、流程标准体系化，降低产业发展风险。

因此，管理体系政策模块应当贯穿于整个煤电 CCUS 产业发展的过程中，并在政策实施过程中，根据产业发展形势做出逐步调整。完整的管理体系政策应当以 CCUS 项目量化标准与 CCUS 项目安全标准作为基础规范政策，为煤电 CCUS 产业提供建设发展的基本准则。在此基础上，应当从 CCUS 全流程管理的视角切入，立足于 CCUS 工程建设及运行的多个步骤，依靠科学的定量评估方式，设定各步骤的规范参数，构建一套完整的政策化全流程管理标准作为煤电 CCUS 产业的运营规范。具体而言，煤电 CCUS 的全流程管理体系应当以煤电改造规范制度为基础，建立起针对捕集、运输、封存和利用四个关键运行流程的评估标准、技术标准与运行规范。最后，考虑到 CO_2 封存于地壳后可能存在碳泄漏等问题，因此还应当建立有关封存系统管理的规范体系，设定对封存后 CO_2 的监控准则与应急事项处理规范，保证煤电 CCUS 全流程运行的安全与高效。

（6）技术研发示范政策设计

上述政策模块均针对煤电 CCUS 产业发展进行整体设计，是常态化的政策支撑体系。而就当前中国的煤电 CCUS 产业发展现状而言，更为急需的政策诉求在于推动煤电 CCUS 产业化培育阶段中的技术研发示范性发展。因此，在中国煤电 CCUS 政策体系支撑框架整体的基础上，补充了有关当前推动煤电 CCUS 技术研发示范项目发展的支持政策设计。

由于受到当前中国 CCUS 技术水平的限制，技术研发示范项目仍将主要以政策推动的方式实现。因此，技术研发示范政策应当采取自上而下的下沉式政策支撑体系。首先，应当经过科学评估与测算，明确当前中国发展煤电CCUS 产业的高潜力、低成本地区，结合所在地区产业结构、技术水平以及经济社会情况，划定示范项目重点区域，作为煤电 CCUS 改造的"排头兵"和"试验田"。随后，通过补贴、奖励的形式，提高示范区、示范城市积极性，促进政策落地，推动示范区企业进行煤电 CCUS 率先改造或煤电 CCUS 产业的率先发展。对于示范区开展技术研发示范项目的企业，根据企业经营情况，给予一次性奖励，提升企业积极性；对于建设前沿技术实验室开展煤电 CCUS相关技术研发的企业，同样给予建设奖励，促进示范区内示范项目的多元化发展，为煤电 CCUS 产业的规模化发展积累技术经验与运营经验；由于煤电CCUS 产业涉及能源、电力、装备制造等多个行业，因此还应当通过建立奖励基金或扶持基金的方式，鼓励示范区内 CCUS 辅助服务企业和项目的发展。最后，推动技术研发示范项目的政策应当落脚于鼓励新型煤电 CCUS 商业模式创新方面，激励商业模式创新，从源头增加煤电 CCUS 产业发展的多元化方向，依靠新型商业模式，打通煤电 CCUS 上游工程装备制造的技术能力与产业效率，推动煤电 CCUS 下游电力、碳减排方面的多元化经营利用，实现技术研发示范项目的"试验"功能。

7.2　煤电 CCUS 政策路线图

在未来 CCUS 发展过程中，需要根据技术成本竞争力、产业应用规模、商业模式等特点，实行不同政策工具组合，以充分调动不同利益相关方的参与积极性，为 CCUS 技术的发展解决资金和成本效益激励问题。

7.2.1　煤电 CCUS 技术研发与示范阶段（2021—2030 年）

该阶段以中小型试点到规模化示范为主，企业自身科研创新的自主性是主要推动力。该阶段优先推广垂直一体化与联合经营商业模式，在试点示范时期实施封存补贴、发电时间补偿、上网电价补贴等确定性政策以锁定投资者收益水平，提高投资者的技术采用意愿，实现 CCUS 技术工程实践经验的初期积累。这一时期作为 CCUS 技术性示范阶段，需要加强技术验证与产业培育，开展大规模全链条集成示范工程，加快突破全流程工程技术优化方法，建成3～5 个百万吨级煤电 CCUS 全链条示范项目。

7.2.2　煤电 CCUS 规模化应用阶段（2031—2040 年）

该阶段煤电 CCUS 由大型化示范步入规模化应用，上下游跨行业、一体化产业形态初步形成。该阶段，随着技术进步和规模效益带来的成本下降，一些地域条件好、成本较低的电厂在适当的政策机制激励下具有一定成本可行性。在这一阶段应当进行 CCUS 项目的布局选址优化，抓住低成本早期机遇，确保安全性得到可靠保障和总体成本经济性得到合理控制，积极培育一批更大规模的 CCUS 项目投入运行，使得 CCUS 初具规模效应，初步显现出区域产业化集群的雏形，为下一步大规模布局和产业化发展积累工程技术、商业模式经验。这一阶段建议引入绿色金融或转型金融机制解决大规模投资的资金成本问题，并且继续推行封存补贴、发电时间补偿、上网电价补贴等工具手段，形成投资激励的长效机制。这一阶段作为规模化应用阶段，应积极支持煤电 CCUS 产业示范区建设，重点围绕鄂尔多斯盆地、新疆等区域形成 2～3 个区域煤电 CCUS 集群雏形。

7.2.3　煤电 CCUS 商业化发展阶段（2040 年之后）

该阶段煤电 CCUS 形成若干区域产业集群，步入规模化、市场化、产业化发展应用阶段。随着技术、工程经验积累，以及 CCUS 区域集群式布局发展，煤电 CCUS 成本不断下降，碳市场等减排定价机制逐步成熟、形成对碳减排技术有力的激励，CCUS 逐步过渡到市场化、商业化运营。随着 CCUS 进一步的工程实践与技术研发，在其成本进一步下降后，可以逐步推广 CO_2 运输商与 CCUS 运营商等产业链分工专业化运营模式，积极探索开发新型 CO_2 产业化利用方式，逐渐完善 CO_2 运输的干线管网体系，在地质条件适宜的地区培育形成若干亿吨级的 CCUS 产业集群中心。这一时期的激励手段更偏重市场化的政策工具，补贴机制根据技术发展水平实现逐渐退坡与最终退出，大力推广绿色金融机制，引导社会资金向环保低污染的行业转移，将煤电 CCUS 项目纳入碳交易或绿电交易等市场机制，同时可以考虑适时推行对 CO_2 利用环节的补贴机制，以进一步促进多样化新型 CO_2 转化利用等固碳技术的科技研发和产业化培育发展，不断促进煤电 CCUS 产业链延伸，充分发挥 CCUS 技术产业耦合器、链接器作用，形成多能源品种协同与组合优化的新型能源化工产业集聚中心。这一阶段应积极开展煤电 CCUS 规模化推广应用，优选若干产业在综合能源基地进行 CCUS 产业集群培育，并于 2050 年达到产业发展峰值（10 亿～15 亿吨），建成 2～3 个跨行业、基地化 CCUS 产业集群;"2050—2060 年"为商业化发展与产业集群阶段,至 2060 年建成若干个亿吨级 CCUS 国家集群中心枢纽,实现每年 10 亿~30 亿吨低成本 CO_2 减排能力。需要注意的是,随着时间的推移,煤基产业将越来越少,开展 CCUS 项目的机会也越来越少。这意味着,CCUS 投入大规模应用的时间最好在 2040 年以前,而研发工作需要加快开展(图 7-3)。

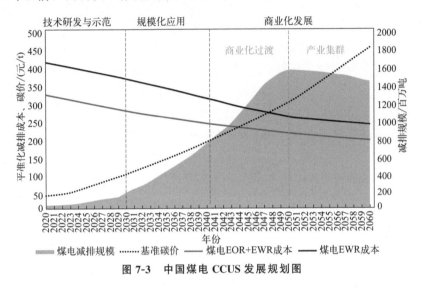

图 7-3 中国煤电 CCUS 发展规划图

当前 CCUS 技术环节已经逐渐趋于成熟,推动 CCUS 发展的关键在于设计合适的政策机制,使得整个技术链条上的不同利益相关方有意愿参与到 CCUS 技术的发展中。由于当前 CCUS 技术成本相对较高(根据本报告的成本核算,全流程 CCUS 成本普遍高于 300 元/t),一定的政策扶持是其技术推广的重要前提。结合前文设计的中国煤电 CCUS 发展路径,本节进一步明确了不同发展阶段煤电 CCUS 最优政策机制。如图 7-4 所示,在未来 CCUS 发展过程中,需要根据情况,在不同的发展阶段使用不同政策工具,以充分调动不同利益相关方的参与积极性,为 CCUS 技术的发展解决资金和激励问题。建议早期阶段优先推广垂直一体化与联合经营商业模式,在试点示范时期实施封存补贴、发电时间补偿、上网电价补贴等确定性政策以锁定投资者收益水平,提高投资者的技术采用意愿,实现 CCUS 技术工程实践经验的初期积累。

当 CCUS 项目形成一定示范规模后,通过工程实践经验的积累,技术采用成本会有一定程度下降,在这一阶段应当进行 CCUS 项目的选址优化,积极培育一批更大规模的 CCUS 项目投入运行,使得 CCUS 初具产业集群效应。这一阶段建议引入绿色金融机制解决大规模投资的资金成本问题,并且继续推行封存补贴、发电时间补偿、上网电价补贴等工具手段,形成投资激励的长效机制（图 7-5）。

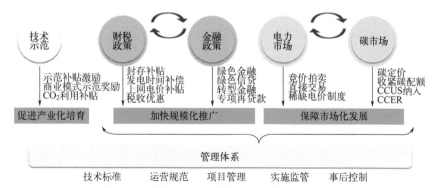

图 7-4　不同发展阶段煤电 CCUS 最优政策机制

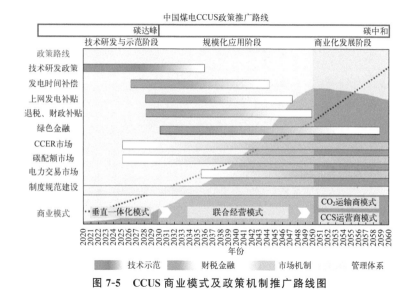

图 7-5　CCUS 商业模式及政策机制推广路线图

随着 CCUS 进一步的工程实践与技术研发，在其成本进一步下降后，可以逐步推广 CO_2 运输商与 CCUS 运营商模式，积极探索开发新型 CO_2 产业化利用方式，逐渐完善 CO_2 运输的干线管网体系，在地质条件适宜的地区培育形成若干亿吨级的 CCUS 产业集群中心。这一时期的扶持手段应当向更偏市场的政策工具转移，补贴机制逐渐根据技术发展水平实现退坡与退出，大力推广绿色金融机制，引导社会资金向环保低污染的行业转移，将 CCUS 项目引入碳交易、绿电交易等市场手段，同时可以考虑适时推行对 CO_2 利用环节的补贴机制，以提高投资者应对极端市场环境的抗风险能力。

第 **8** 章

煤电CCUS产业化模式与
战略路径设计

煤电 CCUS 产业的长期发展应当重点关注捕集端，优先发展典型区域，并基于煤电 CCUS 产业发展的各阶段特征设计政策体系。本章从煤电 CCUS 的产业化模式入手，提出针对产业发展的全面策略和行动框架，围绕近中期重点方向进行战略路径设计，包括优化政策环境、促进技术创新、强化行业合作以及加强市场机制建设，以确保煤电 CCUS 技术能在中国能源结构转型和全球气候行动中发挥核心作用。

8.1 煤电 CCUS 产业化模式分析

当前我国对煤电 CCUS 的技术需求巨大并且仍在扩张，加快构建煤电 CCUS 产业化发展格局有助于形成更加完善的产业链，对低碳转型中的新旧产业转换、高质量发展及大规模减排起到引领和支撑作用。此外，我国煤电 CCUS 技术发展尚处于技术成熟度较低、成本竞争力较低、工程示范水平不足的阶段。牢牢把握煤电 CCUS 产业化的发展机遇，不仅具有必要性、紧迫性，也是极具长远效益的战略选择。

政策在煤电 CCUS 产业化模式中起着至关重要的作用。例如，通过财政激励和税收优惠可以降低企业的研发和投资成本，充分激发创新动力；发电时间补偿和上网电价补贴等政策能够显著降低发电企业应用 CCUS 的成本，同时提供补贴收益。另外，通过建立碳市场、绿电交易和碳定价机制，可以为煤电 CCUS 技术创造市场需求，推动其商业化的发展。最后，通过制定严格的行业标准和安全规范，确保技术的安全可靠应用，并借助国际合作加速技术进步和应用推广。这些政策措施共同构成了煤电 CCUS 产业化成功的基础。

煤电 CCUS 产业化模式具有综合性和多样性，涵盖从碳捕集、运输、利用到封存的全过程。不同模式具有不同的关键特征和优劣势，适应于不同的政策环境和技术经济条件。因此，有必要分析梳理煤电 CCUS 产业化模式，为短期发展规划和中长期战略任务提供借鉴。针对西北某煤炭电力公司发展 CCUS 的方式，主要讨论四种可选的典型商业模式，即垂直一体化模式、联合经营模式、独立 CO_2 运输商模式和 CCUS 运营商模式。在产业化模式的设计中，主要考虑三个利益相关方主体，即 CO_2 捕集方（电厂）、CO_2 运输方（CCS 运营商或 CO_2 运输商）与 CO_2 使用方（油田、化工利用企业或地质封存方等）。全流程的 CCUS 项目包括三部分：①对燃煤电厂进行改造，并且捕集 CO_2；②电厂与 CO_2 利用方之间铺设管道或通过槽车运输 CO_2；③油田或其他主体进行 CO_2 驱油等利用或进行 CO_2 地质封存。电厂与 CO_2 利用方之间的利益核算与分摊包括六个方面：①电厂将捕集的 CO_2 以一定的价格出售给 CO_2 利用方；②CO_2 管道运输建设与运营成本分摊；③额外的 CO_2 封存成本分摊；④电网企业对加装 CCS 的电厂给予的上网电价补贴；⑤碳市场中获得的核证减排收益；⑥政府给予 CO_2 封存减排量的补贴及油田 CO_2 强化石油开采增采量的额外收益。根据对国际上现有 CCUS 项目运行模式及项目团队多轮实地调研情况的梳理分析，结合西北某煤炭电力公司的实际情况，本节依次分析上述四种可选的煤电 CCUS 项目商业模式。

8.1.1　垂直一体化模式

在垂直一体化模式下（如图 8-1 所示），捕集、运输、利用与封存环节被视为一个统一的整体进行综合分析。在这种模式中，一体化企业全面掌控 CCUS 项目的各个环节，从而避免了外部利益相关方的参与。由于所有价格谈判均在企业内部进行，因此可以有效地规避各环节之间的交易成本，这正是垂直一体化模式在降低交易成本方面的独特优势。通过内部协调和整合资源，企业能够实现成本效益的最大化，同时确保 CCUS 项目在全流程中的高效运作和无缝衔接。

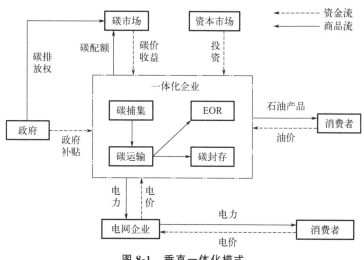

图 8-1　垂直一体化模式

在垂直一体化模式中，企业将全面承担从电厂改造、捕集设备的部署，到运输设施（槽车或管道）的建设和维护，再到 CO_2 利用和封存环节所需的投资与运营成本。这种模式要求企业具备强大的资本实力和运营能力，以应对全流程的财务负担。收益方面，该一体化企业的预期收益来源多样，包括但不限

煤电碳捕集技术经济评估与政策机制设计

于政府提供的补贴、电网企业通过上网电价提供的补贴、碳市场中的减排量收入，以及 CO_2 利用环节带来的直接收益等。这些收益渠道为企业提供了经济上的激励，有助于平衡其在 CCUS 项目上的投资。然而，企业同样面临着一系列潜在风险，主要包括碳市场碳价的波动、燃料价格的不确定性、下游产品市场价格的风险，以及运营过程中可能出现的事故风险。这些风险因素可能会影响企业的收益稳定性和项目的可持续性。为了有效减少或规避这些风险，一体化企业需要采取一系列措施，例如通过多元化投资来分散风险、利用金融工具进行风险对冲、加强运营管理以降低事故风险，以及密切关注市场动态以灵活调整经营策略等。通过这些策略，企业可以在确保 CCUS 项目经济效益的同时，降低潜在风险，实现可持续发展。

在国际大型 CCUS 项目中，沙特阿拉伯的 Uthmaniyah CO_2-EOR 示范项目是垂直一体化商业模式的一个典型案例。该项目由沙特阿拉伯国家石油公司全权负责投资与运营，CO_2 主要来源于液化天然气的生产过程，并通过 85km 长的管道进行运输，于 2015 年 7 月启动。得益于沙特阿拉伯优越的资源条件，该项目短期内并不依赖 CO_2 注入来提高石油产量，其主要目的在于示范 CCUS 技术的应用，因此预期的运营周期相对较短。

在国内，2022 年 8 月正式运行的"齐鲁石化-胜利油田百万吨级 CCUS 项目"同样采用了垂直一体化模式。该项目由齐鲁石化负责 CO_2 的捕集，胜利油田负责 CO_2 的驱油与封存，两者均隶属于中国石化集团公司。在碳捕集环节，齐鲁石化新建了年处理能力达 100 万吨的液态 CO_2 回收利用装置，能够从煤制氢装置的尾气中回收并提纯 CO_2，纯度可达 99％ 以上。在运输环节，项目建成了国内首条年输送能力达百万吨、距离超百公里、以超临界状态输送的 CO_2 专用管道，全长 109km，设计最大输量为每年 170 万吨。这一创新的运输方式不仅提高了效率，也降低了成本。在碳利用与封存环节，胜利油田利用超临界 CO_2 与原油混相的特性，向附近的 73 口油井注入 CO_2，以此增加原油的流动性并提升原油的采收率。这种应用不仅促进了石油资源的高效开发，也实现了 CO_2 的有效封存，对推动 CCUS 技术在中国的商业化应用具有重要参考价值。

西北某煤炭电力公司 CCUS 示范项目针对所捕集的 CO_2 自身开展转化利用，选取的便是垂直一体化模式。该模式适用于早期小规模技术示范探索阶段，有助于培育形成新的产业方向和技术优势。在此阶段，行业专业性的跨度相对较小，意味着企业可以更加集中地专注于煤电 CCUS 技术的开发和应用。此外，由于项目规模较小，CO_2 的区域间运移距离也相应减少，这有助于降低运输成本和复杂性。同时，总体 CO_2 的减排处理规模较小，使得企业能够更加灵活地调整和优化技术方案。

8.1.2 联合经营模式

在联合经营模式中（如图 8-2 所示），涉及 CCUS 各环节（捕集、运输、利用与封存）的企业通过共同成立一个独立的联合经营企业来实现资源共享与风险共担。这个联合企业从电厂捕集获取 CO_2，并使用电厂的厂用电捕集，为此需向电厂支付一定费用作为补偿。联合经营企业将负责承担包括电厂改造、捕集设备投资与维护、运输管道的建设与运营维护，以及 CO_2 的利用与封存环节所需的投资与运营成本。这种模式下，企业的收入来源多样化，包括政府补贴、电网企业的上网电价补贴、碳市场中的减排量收入以及 CO_2 利用环节产生的收益。然而，联合经营企业也将面临一系列风险，包括但不限于下游产品价格波动、燃料成本变化、碳市场的价格波动以及运营过程中可能出现的安全事故。这些风险的存在要求联合经营企业必须具备有效的风险管理机制，以确保项目的稳定性和可持续性。

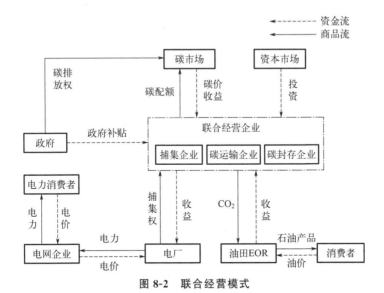

图 8-2 联合经营模式

联合经营模式的优势在于能够集合各方的专业能力和资源，实现规模经济和协同效应，同时通过风险共担来降低单一企业的财务压力。这种模式适合于煤电 CCUS 技术发展的中期和大规模应用阶段，当行业逐渐成熟，多方参与和合作将成为推动技术进一步发展和应用的关键。通过这种模式，各参与方可以共享煤电 CCUS 项目带来的环境效益和经济效益，共同应对行业发展中的挑战。

在国际大型 CCUS 项目中，位于加拿大阿尔伯塔省的 Quest 项目是一个采用联合经营模式的典型案例。该项目由三家公司共同出资建立的 AOSP（阿萨巴斯卡油砂项目）联合经营企业负责实施，其中 Shell Canada Energy（壳牌加拿大能源公司）持股 60%，Chevron Canada Limited（雪佛龙加拿大能源公司）和 Marathon Oil Canada Corporation（美国马拉松石油公司加拿大分公司）各持股 20%。Quest 项目的 CO_2 主要来源于甲烷蒸汽重整制氢过程，采用化学吸收法进行捕集，具备约 100 万吨/年的捕集能力。该项目自 2015 年 11 月开始运营，通过 64km 长的管道将高纯度（超过 99.2%）CO_2 输送至咸水层进行地质封存。资金方面，项目总投资额达到 13.5 亿加元（约 68 亿元人民币），资金来源主要是政府支持，其中阿尔伯塔省政府和加拿大政府分别出资 7.45 亿加元（约 38 亿元人民币）和 1.2 亿加元（约 6 亿元人民币）。这些资金不仅覆盖了项目的设计、建设和运营初期的费用，还包括了 10 年运营期的所有成本。此外，阿尔伯塔省在碳减排量的核算认证上提供了积极的政策支持，为项目的顺利进行提供了有力保障。Quest 项目的成功实施不仅展示了联合经营模式在 CCUS 项目中的有效性，也体现了政府在推动 CCUS 技术发展和应用中的重要作用。通过政府的资金支持和政策引导，联合经营企业能够降低投资风险，加速 CCUS 技术的商业化进程。同时，该项目也为其他国家和地区开展类似 CCUS 项目提供了宝贵的经验和参考。

西北某煤炭电力公司在煤电 CCUS 项目的未来发展规划中，可探索采用联合经营模式，与油田、管网公司、化工企业等相关主体共同组建联合经营企业，实现 CCUS 全流程项目的协同运营。这种模式尤其适合于 CCUS 技术的大规模应用阶段，当行业专业性跨度加大、CO_2 的区域间运输距离延长，以及总体 CO_2 减排处理规模显著扩大时，通过联合经营，各参与企业能够发挥自身的专业化优势，优化资源配置，实现产业链的高效整合。同时，这种模式下，各企业可以共同分担项目风险，并通过紧密合作共享项目带来的潜在收益和环境效益。

8.1.3 独立 CO_2 运输商模式

独立 CO_2 运输商模式主要涉及三个关键运营实体：捕集企业、CO_2 运输商以及利用与封存企业，它们构成了三个主要的利益相关方（图 8-3）。这种模式中，由于涉及多方协调，全流程的交易成本相对较高。CO_2 运输商在这一链条中扮演纯粹的运输角色，并不拥有捕集权。为了确保整个商业模式的顺利运作，每个参与主体都必须实现自身的盈亏平衡。此外，为了保障这一商业模式的长期稳定运行，需要建立并维护一个长期稳定的合同机制。

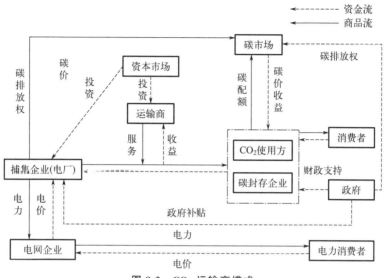

图 8-3　CO$_2$ 运输商模式

在这种模式中，CO$_2$ 捕集企业承担着 CCS 设备的投资与建设成本，资金主要来源于资本市场和企业自有资金。由于 CCS 设备的运行，电厂的整体发电效率会有所下降，这一因素也必须被纳入 CCS 环节的成本核算之中。在 CCS 设备的整个生命周期内，捕集企业需负责设施的运营和维护成本，其中包括随市场波动而变化的燃料成本、蒸汽和吸收溶剂价格，这些成本的变动会成为捕集企业面临的主要风险来源之一。潜在的收益可能来自电网企业给予运行 CCS 装置的电厂的补贴，以及通过在碳市场出售核证减排量所获得的收入，但碳价格的波动同样构成捕集企业风险的一部分。此外，捕集企业还面临着 CO$_2$ 运输费用的风险，这一风险的水平将因合同的具体条款而有所不同。

独立 CO$_2$ 运输商则负责将 CO$_2$ 从电厂运输至利用企业或封存企业，承担着运输管道的投资和运营维护成本。在此过程中，运输商将面临运营成本变化风险以及运输过程中可能出现的损耗或泄漏事故风险。

CO$_2$ 利用与封存企业负责利用与封存设施的购置、安装以及运营过程中的日常开支和 CO$_2$ 购买成本。它们通过销售 CO$_2$ 下游产品获得收入，并可能获得封存减排收益或政府补贴。对于采用 CO$_2$ 驱油技术的利用企业，由于 CO$_2$ 驱油效率在生命周期内呈现先增后减的特征，初期的驱油效率较低，需要经过一段时间的运营才能实现盈利；而一旦决定采用 CO$_2$ 驱油，企业将面临未来油价和产量的不确定性风险。在与捕集企业共同承担 CO$_2$ 运输费用的问题上，合同的不同制定也会带来不同的风险。如果综合收益无法覆盖综合支出，CO_2 利用与封存企业可能需要将 CO_2 封存于废弃的油气井中，并依赖政府提供的封存补贴。

目前，北美地区许多 CCUS 项目采用此模式进行运营。以美国得克萨斯州的 Terrell Natural Gas Processing Plant 项目为例，自 1972 年起该项目便开始捕集 CO_2，并将其用于提高油田的采收率。项目年捕集能力达到 130 万吨，主要采用工业分离技术，碳源为天然气田开采过程中产生的含有 25%～50% CO_2 的混合气体。在捕集阶段，Sandridge Energy 和 Occidental Petroleum 两家公司联合完成了 CO_2 的捕集工作。随后，捕集的 CO_2 经由 Kinder Morgan 和 Petro Source Corporation 的管道系统输送至油田，用于驱油作业。CO_2 的运输过程分为两个主要阶段：第一阶段，Petro Source Corporation 建设的管道将 CO_2 从各个捕集装置运输至得克萨斯州的 McCamey，全长约 132km，之后与 Canyon Reef Carriers（CRC）管道对接。第二阶段，管道运输距离为 224km，CRC 管道主要由 Kinder Morgan 公司所有，该公司是北美最大的油气中游产业公司之一，同时也是第三大能源公司，拥有超过 13.5 万千米的油气管线，其中包括超过 1500km 的 CO_2 专用管线。在该项目中，Kinder Morgan 不仅负责 CO_2 的运输工作，还在 Kelly-Snyder 油田参与了部分驱油作业。其余的 CO_2 通过管道继续运输至 Occidental Petroleum 和 Chevron 运营的油田，用于进一步的驱油活动。这种模式不仅提高了 CO_2 的利用效率，而且通过多方合作，实现了资源的优化配置和风险的分散管理。

独立 CO_2 运输商模式依托于成熟的管网体系，适用于未来煤电 CCUS 技术的大规模产业化和区域产业集群式发展阶段，为更大范围的跨区域和更广领域的跨行业协同减碳打下基础。未来，随着能源"金三角"地区煤电 CCUS 产业化规模的不断扩大、区域性产业集群的形成以及多个大型 CO_2 地质封存中心的建立，国家层面的规划和建设区域干线 CO_2 运输管网体系变得尤为重要。这将有助于形成一个高效、可靠的 CO_2 运输和封存网络，为 CCUS 技术的广泛应用提供支持。此外，行业内的重要参与者应当在干线管网和区域地质封存中心的早期规划、投资建设等方面发挥积极作用，利用自身的资金和技术优势先行探索和实践，为煤电 CCUS 全产业链的发展提供有力的支撑。通过在关键领域发挥主导和引领作用，参与公司不仅能够推动自身的持续发展，还能为整个行业的技术进步和产业升级作出贡献。

8.1.4 CCS 运营商模式

CCS 运营商模式主要涉及三个运营实体：碳排放企业、CCS 运营商以及利用与封存企业，它们构成了三个关键的利益相关方（图 8-4）。这种商业模式与前述独立 CO_2 运输商模式的主要区别在于 CCS 运营商拥有捕集权，并能够自主设定 CO_2 的销售价格。鉴于电厂可能出于减排的动机而不具备盈利目的，因此各环节的交易成本相对较低。这种模式依赖于长周期的合同机制。CO_2 的利用与封存企业有权决定其从 CCS 运营商处购买的 CO_2 量。如果 CCS 运营商未能将其捕集的全部 CO_2 售出，剩余的 CO_2 则需要被输送到指定的封存地点进行地质封存，同时从政府获得相应的封存补贴。

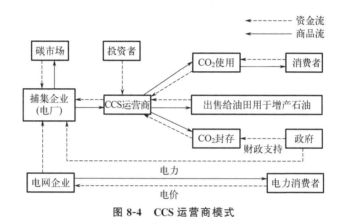

图 8-4　CCS 运营商模式

在这种商业模式中，电厂或其他碳排放企业扮演的角色是提供 CO_2，为 CCS 运营商提供了捕集、运输、利用和处置 CO_2 的机会。这些企业本身具有减少碳排放的需求，CCS 运营商可以为 CCS 装置带来的发电效率降低等合理成本提供补偿。CCS 运营商负责投资和建设 CCS 设备，资金主要来源于资本市场和自有资金。由于 CCS 设备的安装是在现有发电设施的基础上进行的改造，因此这部分投资被视为增量投资。同时，CCS 装置的运行可能会导致电厂整体发电效率的下降，CCS 运营商需要以货币形式补偿这部分成本给电厂。

在 CCS 设备的运营生命周期内，CCS 运营商负责设备的运营和维护，其中包括燃料成本、蒸汽和吸收溶剂价格，这些成本随市场波动而变化，因此运营成本的变动是潜在风险的一个来源。CCS 运营商可以通过参与碳市场获得减排收入，这种收入可能需要通过电厂进行转移支付。由于碳价格随市场变化，碳价格的波动也是风险的来源之一。CCS 运营商可以选择将捕集的 CO_2 出售给利用方，或者选择直接封存 CO_2 以获取封存补贴或核证减排量的收入。此外，CCS 运营商还需负责运输管道的投资和运营维护，这将面临运营成本变化和可能发生的泄漏事故等风险。根据合同的具体条款，CCS 运营商出售 CO_2 的价格也可能受到市场风险的影响。另外，CCS 运营商的收入在很大程

度上取决于 CO_2 利用方的购买量，因此 CCS 运营商也可能间接受到下游产品价格波动的影响。对于 CO_2 的利用方来说，他们需要承担 CO_2 利用设施的购置和安装费用，以及运营过程中的日常开支和 CO_2 的购买成本，同时从 CO_2 下游产品的销售和潜在补贴中获得收入。

国际大型 CCUS 项目中，美国的 Enid Fertilizer 项目是一个典型案例，该项目位于俄克拉何马州，采用了上述商业模式。自 1982 年建成以来，Enid Fertilizer 项目捕集能力达到 70 万吨/年。该项目采用化学吸收法来捕集 CO_2，这些 CO_2 主要来源于 Koch Fertilizer 公司在生产氮肥过程中产生的高浓度、高纯度的废气。CO_2 的捕集过程由 Daylight Petroleum 公司负责，该公司利用压缩、冷却和脱水设施来处理这些气体。经过处理的 CO_2 随后通过 Chaparral Energy 公司建设的管道系统输送至俄克拉何马州南部由 Chaparral Energy 与 Merit Energy 共同运营的油田，管道运输距离总长达到 225km。CO_2 被用于提高原油的采收率，不仅有助于减少温室气体排放，同时也提高了能源开采的效率。

随着煤电 CCUS 产业化进程的加速发展，基于早期的技术示范和产业化运营经验的积累，有望孕育出一批专业化程度高、技术与资金基础优势强的 CCUS 运营龙头企业，这些企业能够为区域和传统能源行业提供减排解决方案和商业化服务。以西北某煤炭电力公司为例，该公司在电厂碳捕集和多样化 CO_2 转化利用技术方面进行了积极的探索，并已在行业内形成了一定的先发优势，未来仍将继续在区域干线管网和区域地质封存枢纽中心的规划方面进行前瞻性布局。通过这些举措，龙头企业有望发展成为 CCUS 领域的专业化运营商，形成新的产业化板块，为自身及区域内其他行业企业提供规模化的 CO_2 减排服务。

8.2 煤电 CCUS 战略布局及近中期重点方向

8.2.1 战略目标定位

燃煤电厂作为中国最大的 CO_2 排放源，是实现"双碳"目标的关键所在。CCUS 技术是实现化石能源净零排放、保障电力稳定供应的重要技术选择，也是目前煤电行业实现深度减排的唯一途径。在碳排放约束和高质量发展的宏观背景下，CCUS 技术将在实现煤电行业绿色低碳转型中发挥不可或缺的作用。

通过煤电＋CCUS 的组合，不仅能保证电力系统安全稳定运行，还可实现电力领域的低碳、零碳排放。

对于煤电企业而言，在进行 CCUS 战略布局时，应特别关注典型区域和捕集环节的关键性。煤电 CCUS 技术的特性、产业发展的需要导致了不同地区的适应性不同，典型区域具备适宜的地质资源条件、与 CCUS 技术相适应的产业结构以及强有力的政策环境支持。这些条件不仅确保了 CCUS 技术的有效实施和长期稳定运行，而且促进了技术的产业化和规模化发展。优先在这些地区发展 CCUS 技术，可以快速验证技术的可行性和经济性，积累实践经验、优化技术，并通过示范效应推广应用，加速产业链的完善。此外，政策支持和产业集聚效应的形成，为煤电 CCUS 技术的产业化提供了坚实基础，有助于在整个行业内形成可复制、可推广的模式，推动整个煤电行业的绿色转型和可持续发展。此外，捕集环节作为 CCUS 全链条的起点，其效率和成本控制直接影响整个项目的可行性和经济性。因此，煤电企业应集中资源，加强对捕集技术的研发和优化，确保技术成熟可靠、成本效益高。

中长期来看，煤电 CCUS 在战略目标定位上应当积极响应国家低碳发展的政策要求，提升在清洁能源领域的竞争力，有效推动区域经济的绿色转型，为实现国家碳中和目标贡献力量。在煤电 CCUS 技术的推广应用上，不仅要加强对国家能源安全的保障作用，也应关注优化能源结构的方式，推动向更清洁、低碳的能源系统转型。此外，煤电 CCUS 技术的发展能够激发相关产业的技术革新和产业链的完善，为区域经济带来新的发展机遇。具体而言，行业可以从以下三个方向持续努力。

（1）发挥重点企业在推动煤电 CCUS 规模化发展中的引领作用

通过重点企业的引领和示范，可以加速煤电 CCUS 技术的推广应用，促进能源结构的优化和能源产业的绿色转型，为实现国家碳达峰和碳中和目标提供有力支撑，同时也有助于提升企业的社会责任形象，增强其在全球低碳经济中的竞争力。重点企业在推动煤电 CCUS 规模化发展中发挥引领作用的关键在于利用其在技术、资金、人才和管理等方面的优势，通过创新研发、示范项目实施、产业链整合和政策倡导等手段，加速煤电 CCUS 技术的商业化和规模化应用。这些企业可以作为技术创新的先行者，通过研发和应用前沿煤电 CCUS 技术，推动行业技术进步；作为示范项目的实施者，通过建设示范性煤电 CCUS 项目，展示技术可行性和经济效益，增强行业信心；作为产业链整合的推动者，通过与上下游企业合作，形成完整的煤电 CCUS 产业链，降低成本，提高效率；作为政策倡导的参与者，通过与政府沟通，推动制定有利于CCUS 发展的政策和标准。

以西北某煤炭电力公司为例，煤电 CCUS 规模化发展不仅能够为企业带来先发优势和市场领先地位，而且对于加速 CCUS 技术的商业化进程、降低全社会的碳排放具有决定性作用。要想成为引领型企业，需要通过持续的研发投入，推动技术创新，构建起高效的 CCUS 技术体系；同时，应通过积极参与政策讨论和标准制定，确保技术发展与国家能源战略同步；此外，企业还应加强与产业链上下游的合作，形成协同效应，共同推动 CCUS 技术的规模化应用。

总之，充分发挥重点企业在推动煤电 CCUS 规模化发展中的引领作用，能够带动全行业快速发展。应当鼓励企业加快开发建设火电＋风光新能源项目，积极探索煤电行业功能转型发展方向与技术路径；在探索形成上述多种 CO_2 利用方式联合发展的过程中，应当为企业提供充分政策支持，协助形成产业集群发展合力，以煤电 CCUS 大型设施为基础，不断孵化壮大相关新兴产业。

（2）推动煤电 CCUS 集群化发展

所谓煤电 CCUS 集群化，即由若干个煤电 CCUS 项目组成，将从不同排放源捕集的 CO_2 埋存到同一地点。集群化共享运输、封存场地和基础设施，可显著降低 CO_2 埋存成本。目前我国煤电 CCUS 示范项目整体规模还较小且成本较高，使得"单打独斗"的企业面临巨大进入成本和项目风险[1]。集群化发展不仅可以通过共享运输和封存基础设施来摊薄初始投入成本，通过规模效应降低运行成本，还有利于推动项目的不同利益相关方建立战略合作伙伴关系，让各主体共同出资协同合作，从而形成有效的商业模式。

共享 CO_2 运输和封存基础设施（管道、航运、港口设施和封存井）的产业集群模式在全球范围内已成为大势所趋。目前全球共有 32 个 CCUS 网络正在运行或处于早期/高级开发阶段，大多位于欧洲和北美地区，其中美国、加拿大等发达国家正在积极加快跨区域、跨行业集成的 CCUS 产业集群建设（例如美国"休斯敦航道 CCUS 创新区"每年封存 1 亿吨 CO_2；加拿大已经建设完成三个大规模 CCUS 集群网络）。借鉴国际经验，实施 CCUS 产业集群工程有助于实现煤电、钢铁、水泥、油气行业的耦合发展，减少产业链下游成本和项目运行的商业风险。

推动煤电 CCUS 集群化发展需要综合运用技术创新、政策激励、基础设施建设、产业规划、商业模式探索、跨行业合作、公众教育、国际合作、监管

---

[1] 国务院．2030 年前碳达峰行动方案［EB/OL］．（2021-10-24）［2024-06-05］．https：//www.gov.cn/zhengce/content/2021-10/26/content_5644984.htm.

体系完善以及示范项目推广等策略，以实现优化技术、降低成本、提高效率、增强社会认知和国际竞争力，确保煤电 CCUS 项目在保障能源安全的同时，有效促进碳减排和碳中和目标的实现。以西北某煤炭电力公司为例，公司不断加强技术创新与研发，投资基础设施建设并实现资源共享，促进跨行业合作与产业链耦合，创新商业模式以降低成本和风险。通过在区域 CCUS 规划布局、区域干线管网、区域地质封存利用潜力评估以及未来区域 CCUS 产业集群形态等方面先行先试，牵头主导相关规划，发展成为区域煤电 CCUS 集群化发展的主导型企业。通过集成和规模化应用煤电 CCUS 技术，有助于实现对煤电行业大规模碳排放的有效控制和管理，促进能源结构的优化和能源系统的绿色低碳转型。

（3）推动煤电 CCUS 产业规范化、标准化进程

推动煤电 CCUS 产业的规范化和标准化进程对确保行业健康、高效和可持续发展至关重要。规范化和标准化能够为煤电 CCUS 技术的研发、应用和推广提供明确的指导和依据，降低技术实施的不确定性和风险，提高项目的可行性和成功率。通过明确产业规范和标准，可以促进行业内经验的共享，加速技术创新和应用。此外，规范化和标准化有助于构建透明、公平、竞争的市场环境，吸引更多的投资，降低成本并提高 CCUS 项目的经济效益。通过制定和实施一系列行业标准和规范，可以确保煤电 CCUS 项目在环境和安全等方面的合规性，增强公众对 CCUS 技术的信任和接受度。

目前煤电 CCUS 技术及产业发展还处于研发和示范阶段，在大规模示范、普及、应用方面仍存在许多制约，阻碍了产业规范化、标准化进程。从技术发展来看，尽管我国已开展了大量煤电 CCUS 技术研发，但目前仍存在许多技术瓶颈，如捕集技术能耗和成本总体偏高，驱油封存一体化技术有待进一步研究，封存安全性的监测和评估技术体系尚未建立等问题。从行业发展来看，国内已有 CCUS 示范项目应用多以石油、煤化工、电力等企业为主，CO_2 输送、化工合成及生物转化等工程实践刚刚起步。同时由于我国油藏地质特征复杂，其封存潜力、长期安全性等存在较大不确定性，配套监测、安全等管理体系不完善，驱油与封存技术需要进一步研究发展。从产业化机制来看，目前尚缺乏跨行业协作机制，存在不少行业壁垒。在 CO_2 源汇大部分情况下属于不同企业或系统的背景下，存在源汇匹配共享、责权利分配、知识产权归属等多种挑战，在现有管理体系及政策制度下，难以实现跨行业协作。煤电 CCUS 示范项目少，导致相关的技术标准缺乏，不仅增加了工程设计、装备制造、设施建造成本，而且影响行业的技术交流和经验分享。

中国煤电 CCUS 政策体系框架的建立应当立足于产业发展的示范化-规模

化-商业化的长期趋势与阶段特征，致力于减轻产业面临的风险障碍，包括 CCUS 成本压力大、煤电 CCUS 经济性下滑、运输与封存基础设施不足、煤电 CCUS 商业模式不清等现实问题。同时，应当把握全局性、丰富性、针对性、有效性、实践性的原则，在结合国内外施政经验、碳中和及煤电顶层设计要求的基础上，构建容纳宏观支持、财税金融、市场机制、管理体系、技术研发等多个政策方向的完整体系化布局。具体举措包括：一是加强顶层设计，制定国家层面的煤电 CCUS 产业发展规划和标准体系；二是鼓励和支持行业组织、企业、研究机构等参与标准的制定和修订工作，确保标准的科学性、先进性和实用性；三是建立和完善煤电 CCUS 项目的评估、审批和监管机制，确保项目符合国家和行业标准；四是加强国际交流与合作，积极参与国际标准的制定，推动国内标准与国际标准的对接和互认；五是加大宣传和培训力度，提高全行业对规范化和标准化重要性的认识，提升从业人员的专业技能和素质。通过这些举措，可以有效地推动煤电 CCUS 产业的规范化和标准化进程，为实现产业的长远发展和国家能源安全战略目标提供坚实的基础。

8.2.2 近中期重点方向

在远期战略目标定位指导下，还需要明确煤电 CCUS 近中期的重点方向。这对于推动全产业有序发展和长远战略目标达成具有重大意义，不仅有助于优化资源配置，确保技术突破和产业升级更加精准有效，而且能够为行业内企业提供清晰的发展方向和政策预期，降低投资风险，激发市场活力。具体而言，可以将典型区域及区域内重点煤电企业识别、捕集端技术创新支持鼓励政策、自上而下规划政策路径、加快煤电 CCUS 领域前沿性技术研发应用等方面作为近中期重点方向，以更加务实有力的举措助力煤电 CCUS 产业发展，回答"CCUS 产业化发展如何更好实现"的关键问题。

（1）典型区域及区域内重点煤电企业识别

识别典型区域及区域内重点煤电企业是煤电 CCUS 政策制定的基础性工作，具有重要的战略意义。要从全国层面开展系统性统计调查和分析，详细了解各区域的煤电分布、产能、碳排放水平以及地质条件，建立起全国煤电 CCUS 台账，并进行潜力评估。这一工作可以分为以下几个环节：第一，开展全国煤电企业的全面普查。政府相关部门应联合能源、环保、地质等多部门，利用现有的统计数据和信息系统，对全国所有煤电企业进行详细的调查和统计，涵盖产能规模、设备状况、碳排放量、所在地的地质条件等关键信息。通过数据的全面收集和分析，可以绘制出全国煤电企业的分布图和碳排放地图。第二，识别和优先关注典型区域。在全国煤电企业分布的基础上，结合区域经济发展水平、能源结构、碳排放强度和地质条件等因素，识别出一些典型的重点区域。例如，华北、华东、华中等传统煤电集中地区，由于其经济和工业基础较好、煤电产能大、碳排放高，具备优先开展煤电 CCUS 项目的条件。这些区域可以作为政策支持和技术示范的重点对象，推动 CCUS 技术的规模化应用和推广。第三，确定重点煤电企业。典型区域内的重点煤电企业应基于其产能规模、碳排放量、技术改造意愿和经济承受能力等综合因素进行选择。重点企业不仅要具备较大的减排潜力，还应具有良好的技术基础和经济实力，能够承担起技术改造和示范应用的任务。此外，还应考虑企业的经营状况和环保意识，优先支持那些环保意识强、具有技术改造积极性的企业。第四，妥善开展煤电 CCUS 潜力评估。基于对典型区域和重点企业的识别结果，进一步进行煤电 CCUS 潜力评估。这一评估工作需要结合煤电企业的碳排放数据和地质储存条件，利用模型计算和模拟分析，评估不同企业和区域实施煤电 CCUS 的技术可行性和经济性。评估结果将为政策制定提供重要依据，帮助确定优先支持的项目和区域。第五，建立全国煤电 CCUS 台账和动态管理系统。在识别和评估的基础上，将重点区域和企业的信息纳入统一的管理系统，并实现动态更新。通过这一系统，可以实时跟踪重点项目的进展情况，评估政策实施效果，及时调整和优化政策措施。同时，这一系统还可以作为信息共享和交流的平台，促进各地经验和技术的推广应用。通过以上步骤，能够全面掌握全国煤电企业的基本情况和煤电 CCUS 实施潜力，形成科学的政策支持体系，确保煤电 CCUS 政策的精准和高效实施。

（2）捕集端技术创新支持鼓励政策

捕集端是煤电 CCUS 的核心环节，也是成本约束的关键环节。因此，制定针对捕集端技术创新的支持和鼓励政策，能有效降低实施成本、推动技术进步、加速煤电 CCUS 的规模化应用和推广。近期可以考虑提供财政补贴和税收优惠，如政府可以设立专项基金，对煤电企业进行捕集端技术改造给予财政补贴、提供发电时间补偿和上网电价补贴等，降低企业的初始投资成本。同时，向从事煤电 CCUS 技术研发和应用的企业提供税收优惠，如研发费用加计扣除、企业所得税减免等，激励企业加大研发投入，提高技术创新积极性。为减轻企业的资金压力，政府可以与金融机构合作，提供低息贷款和绿色金融支持。例如设立专门的绿色信贷产品，降低贷款利率，延长还款期限，帮助企业顺利完成捕集端技术改造。此外，还可以通过绿色债券、碳基金、碳定价等多种政策工具，为煤电 CCUS 项目融资提供便利和支持。

技术研发与合作创新鼓励方面，政府应支持高校、科研机构与企业合作，建立产学研联合体，推动捕集端技术的协同研发与创新。设立专项科研资金，支持捕集技术的基础研究和应用开发，促进技术成果的转化和产业化。同时，举办技术交流和合作论坛，搭建技术创新的交流平台，推动国内外先进技术和经验的共享。在此基础上，可以推进示范项目建设，选择具备条件的重点煤电企业，开展捕集端技术示范项目建设，通过政策支持和资金投入，推动一批具有代表性的示范项目尽快落地实施。这些示范项目不仅可以验证技术的可行性和经济性，还能积累实际操作经验，形成可复制、可推广的技术和管理模式，为大规模应用奠定基础。

（3）自上而下规划政策路径

为了确保煤电 CCUS 技术的有效推广应用和产业化发展，自上而下的政策路径规划至关重要。合理的政策路径规划不仅为产业发展提供明确的预期和方向，也能激励企业主动创新和投资。具体而言，近期可以重点关注以下方面：第一，规划目标制定方面，应尽快发布国家层面的煤电 CCUS 长期发展规划。首先，规划应明确未来若干年的发展目标和时间表，可涵盖技术研发、示范项目、商业化应用等各个阶段，分阶段设定具体的任务和目标。通过明确的政策信号和发展预期，引导企业和投资者有序投入，确保煤电 CCUS 技术的持续发展和推广。其次，出台配套政策和支持措施。为了实现发展规划中的目标，政府需要同步出台一系列配套政策和支持措施。这包括财政补贴、税收优惠、金融支持、技术标准等方面的具体政策，为企业提供全方位的政策支持。最后，还应加强对地方政府的指导和支持，推动各地结合自身实际情况，制定和实施地方性的 CCUS 发展政策和措施。第二，尽快建立碳市场和 CCER 机制的结合路径。煤电 CCUS 技术的发展应与碳市场、CCER 相结合，通过市场机制实现碳减排成本的最小化。政府可以制定相关政策，将煤电 CCUS 项目纳入碳市场交易体系，允许企业通过实施煤电 CCUS 项目获得碳排放配额或碳信用，激励企业投资相关技术。同时，完善 CCER 机制，鼓励企业通过实施 CCUS 项目获得 CCER 认证，实现碳减排效益的市场化转化。第三，设立专项基金和激励机制。为了鼓励企业主动创新和投资，政府可以设立专项基金，对在煤电 CCUS 领域取得突破性进展的企业和项目给予奖励和补助。建立技术创新和示范应用的激励机制，推动企业加大研发投入，提高技术创新积极性。同时，对在煤电 CCUS 技术应用和推广中表现突出的企业和个人进行表彰和奖励，营造良好的创新氛围。第四，加强国际合作与政策融合。煤电 CCUS 技术的发展需要借鉴国际先进经验，自上而下的政策路径规划中应充分考虑国际合作的战略意义。政府应推动与发达国家和国际组织的政策对接，开展多边和双边合作，共同制定国际 CCUS 技术标准和监管框架。通过参与国际合作项目，获取全球最新技术和政策经验，提升国内煤电 CCUS 技术水平和政策设计能力。同时，政府应促进国际经验的本土化应用，制定符合中国国情的煤电 CCUS 政策路径，推动国内企业与国际领先企业合作，共同开发和推广先进的煤电 CCUS 技术。总之，通过上述政策路径的规划和实施，可以为煤电 CCUS 技术的发展提供明确的方向和有力的支持。

（4）加快煤电 CCUS 领域前沿性技术研发应用

在煤电 CCUS 领域，前沿性技术的研发和应用对推动整个产业的突破性发展至关重要。通过集中资源和政策支持，加快前沿性技术的研发和应用，可以显著提升技术效率和经济性，助力实现低碳转型目标。

近期应当由政府牵头设立专项科研资金，重点支持煤电 CCUS 领域的前沿性技术研究和开发。通过公开招标和评审，选择一批具有前瞻性和创新性的科研项目，给予资金和政策支持。重点支持碳捕集新材料、新工艺的研发，高效碳利用技术的开发，以及安全可靠的碳封存技术的探索，推动技术的多样化和高效化。产学研合作创新方面，应搭建平台促进企业、高校和科研机构的合作，形成多方参与的联合研发团队。通过共享资源和技术交流，推动基础研究和应用开发的紧密结合，加速前沿性技术的创新和转化。设立技术创新联盟，集中优势力量攻关关键技术难题，形成协同创新的良好氛围。科技成果转化和产业化方面，对于研发出的前沿性技术，可以设立成果转化基金，支持企业将科研成果应用到实际生产中，形成规模效应和市场竞争力。同时，通过示范项目的建设，验证新技术的可行性和经济性，积累经验和数据，为大规模推广奠定基础。还可以制定灵活的人才引进政策，吸引国内外高端人才加入煤电 CCUS 技术研发队伍，提升整体创新能力。通过政策激励，营造积极创新的良好环境，推动前沿性技术的不断突破。通过加快煤电 CCUS 领域前沿性技术的研发和应用，可以显著提升煤电 CCUS 技术的整体水平和竞争力，为煤电行业的低碳转型提供强有力的技术支撑。

参考文献

[1] 康佳宁，张云龙，彭淞，等．实现碳中和目标的 CCUS 产业发展展望 [J]．北京理工大学学报（社会科学版），2024，26（2）：68-75.

[2] IEA. CCUS in clean energy transitions [R]. Paris：International Energy Agency，2020.

[3] 张贤，李凯，马乔，等．碳中和目标下 CCUS 技术发展定位与展望 [J]．中国人口·资源与环境，2021，31（9）：29-33.

[4] 周成．"双碳"政策的知识图谱、研究热点与理论框架 [J]．北京理工大学学报（社会科学版），2023，25（4）：94-112.

[5] 徐慧，刘希，刘嗣明．推动绿色发展，促进人与自然和谐共生——习近平生态文明思想的形成发展及在二十大的创新 [J]．宁夏社会科学，2022（6）：5-19.

[6] IEA. Projected costs of generating electricity 2020 [R]. Paris：International Energy Agency，2020.

[7] 段玉婉，蔡龙飞，陈一文．全球化背景下中国碳市场的减排和福利效应 [J]．经济研究，2023，58（7）：121-138.

[8] 吉雪强，刘慧敏，张跃松．中国省际土地利用碳排放空间关联网络结构演化及驱动因素 [J]．经济地理，2023，43（2）：190-200.

[9] IEA. Global hydrogen review 2022 [R]. Paris：OECD Publishing，2022.

[10] 宋欣珂，张九天，王灿．碳捕集、利用与封存技术商业模式分析 [J]．中国环境管理，2022，14（1）：38-47.

[11] Sowiżdżał A，Starczewska M，Papiernik B. Future technology mix-enhanced geothermal system（EGS）and carbon capture，utilization，and storage（CCUS）—An overview of selected projects as an example for future investments in poland [J]. Energies，2022，15（10）：3505.

[12] Chen S，Liu J，Zhang Q，et al. A critical review on deployment planning and risk analysis of carbon capture，utilization，and storage（CCUS）toward carbon neutrality [J]. Renewable and Sustainable Energy Reviews，2022，167：112537.

[13] Wang N，Akimoto K，Nemet G F. What went wrong? Learning from three decades of carbon capture，utilization and sequestration（CCUS）pilot and demonstration projects [J]. Energy Policy，2021，158：112546.

[14] 刘牧心，梁希，林千果．碳中和背景下中国碳捕集、利用与封存项目经济效益和风险评估研究 [J]．热力发电，2021，50（9）：18-26.

[15] Li M，He N，Xu L，et al. Eco-CCUS：A cost-effective pathway towards carbon neutrality in China [J]. Renewable and Sustainable Energy Reviews，2023，183：113512.

[16] Becattini V，Gabrielli P，Mazzotti M. Role of carbon capture，storage，and utilization to enable a net-zero-CO_2-emissions aviation sector [J]. Industrial & Engineering Chemistry Research，2021，60（18）：6848-6862.

[17] 朱松丽，蔡博峰，朱建华，等．IPCC 国家温室气体清单指南精细化的主要内容和启示 [J]．气候变化研究进展，2018，14（1）：86-94.

[18] 刘江枫，张奇，吕伟峰，等．碳捕集利用与封存一体化技术研究进展与产业发展策略 [J]．北京理工大学学报（社会科学版），2023，25（5）：40-53.

[19] Copper S J，Hammond G P. Decarbonising UK industry：Towards a cleaner enconomy [J]. Pro-

ceedings of the Institution of Civil Engineers-Energy，2018，1(4)：147-157.

[20] Leonzio G，Bogle D，Foscolo P U，et al. Optimization of CCUS supply chains in the UK：A stra-
tegic role for emissions reduction ［J］. Chemical Engineering Research and Design，2020，155：
211-228.

[21] Allen M R，Friedlingstein P，Girardin C A J，et al. Net zero：Science，origins，and implications
［J］. Annual Review of Environment and Resources，2022，47：849-887.

[22] 康京涛，荣真真. 双碳目标下碳捕集与封存的立法规制：欧盟方案与中国路径 ［J］. 德国研究，
2022，37（5）：61-79＋115.

[23] Zakkour P，Haines M. Permitting issues for CO_2 capture，transport and geological storage：A re-
view of Europe，USA，Canada and Australia ［J］. International Journal of Greenhouse Gas Con-
trol，2007，1（1）：94-100.

[24] 范允奇，王文举. 欧洲碳税政策实践对比研究与启示 ［J］. 经济学家，2012（7）：96-104.

[25] Hájek M，Zimmermannová J，Helman K，et al. Analysis of carbon tax efficiency in energy indus-
tries of selected EU countries ［J］. Energy Policy，2019，134：110955.

[26] Xu H，Pan X，Li J，et al. Comparing the impacts of carbon tax and carbon emission trading，
which regulation is more effective ［J］. Journal of Environmental Management，2023，
330：117156.

[27] 胡燕. 美国45Q政策及其应用于中国二氧化碳驱油项目的测算研究 ［J］. 油气与新能源，2022，
34（4）：33-37.

[28] 马广程，曹建华，丁徐轶. 非位似偏好、碳市场与异质性政策协调的减排效应 ［J］. 中国工业经
济，2024（2）：42-60.

[29] 张贤，李凯，马乔，等. 碳中和目标下CCUS技术发展定位与展望 ［J］. 中国人口·资源与环
境，2021，31（9）：29-33.

[30] Jiang K，Ashworth P，Zhang S，et al. China's carbon capture，utilization and storage（CCUS）
policy：A critical review ［J］. Renewable and Sustainable Energy Reviews，2020，119：109601.

[31] Wang N，Akimoto K，Nemet G F. What went wrong? Learning from three decades of carbon cap-
ture，utilization and sequestration（CCUS）pilot and demonstration projects ［J］. Energy Policy，
2021，158：112546.

[32] Song X，Ge Z，Zhang W，et al. Study on multi-subject behavior game of CCUS cooperative alli-
ance ［J］. Energy，2023，262：125229.

[33] 陈语，姜大霖，刘宇，等. 煤电CCUS产业化发展路径与综合性政策支撑体系 ［J］. 中国人口·
资源与环境，2024，34（1）：59-70.

[34] 林伯强. 碳中和进程中的中国经济高质量增长 ［J］. 经济研究，2022，57（1）：56-71.

[35] 贾子奕，刘卓，张力小，等. 中国碳捕集、利用与封存技术发展与展望 ［J］. 中国环境管理，
2022，14（6）：81-87.

[36] Ehsani M，Ahmadi A，Fadai D. Modeling of vehicle fuel consumption and carbon dioxide emission
in road transport ［J］. Renewable and sustainable energy reviews，2016，53：1638-1648.

[37] Hepburn C，Adlen E，Beddington J，et al. The technological and economic prospects for CO_2 uti-
lization and removal ［J］. Nature，2019，575（7781）：87-97.

[38] 邓铭江，明波，李研，等. "双碳"目标下新疆能源系统绿色转型路径 ［J］. 自然资源学报，

2022，37（5）：1107-1122.

［39］ 刘江枫，张奇，吕伟峰，等．碳捕集利用与封存一体化技术研究进展与产业发展策略［J］.北京理工大学学报（社会科学版），2023，25（5）：40-53.

［40］ 蔡博峰，李琦，张贤等．中国二氧化碳捕集利用与封存（CCUS）年度报告（2021）——中国CCUS路径研究［R］.北京：生态环境部环境规划院，中国科学院武汉岩土力学研究所，中国21世纪议程管理中心，2021.

［41］ Chen S，Liu J，Zhang Q，et al. A critical review on deployment planning and risk analysis of carbon capture，utilization，and storage (CCUS) toward carbon neutrality［J］. Renewable and Sustainable Energy Reviews，2022，167：112537.

［42］ Liang X，Huang T，Lin S，et al. Chemical composition and source apportionment of PM_1 and $PM_{2.5}$ in a national coal chemical industrial base of the Golden Energy Triangle，Northwest China ［J］. Science of the total environment，2019，659：188-199.

［43］ 李红锦，张宁，李胜会．区域协调发展：基于产业专业化视角的实证［J］.中央财经大学学报，2018（6）：106-118.

［44］ 魏宁，刘胜男，李小春．中国煤化工行业开展 CO_2 强化深部咸水开采技术的潜力评价［J］.气候变化研究进展，2021，17（1）：70-78.

［45］ 杨哲琦，孙齐，邓辉，等．中国 CO_2-EOR 油田生产碳强度多技术情景建模与核算研究［J］.石油科学通报，2023，8（2）：247-258.

［46］ 翟明洋，林千果，王香增，等．二氧化碳管道运输系统优化模型及其应用［J］.哈尔滨工业大学学报，2017，49（8）：116-122.

［47］ 叶泽．电价理论与方法［M］.北京：中国电力出版社，2014.

［48］ 安伟．绿色金融的内涵、机理和实践初探［J］.经济经纬，2008（5）：156-158.

［49］ 李伯涛．碳定价的政策工具选择争论：一个文献综述［J］.经济评论，2012（2）：8.